旗袍的故事

高淳海

著

黄河出版传媒集团
阳 光 出 版 社

图书在版编目（CIP）数据

旗袍的故事 / 高淳海著. -- 银川：阳光出版社，
2025. 1. --（阳光文库）. -- ISBN 978-7-5525-7726-6

Ⅰ. I267

中国国家版本馆CIP数据核字第2024GF5754号

阳光文库

旗袍的故事

QIPAO DE GUSHI

高淳海　著

责任编辑　王　瑞　赵维娟　丁丽萍
装帧设计　盛文强
责任印制　岳建宁

黄河出版传媒集团
阳　光　出　版　社　出版发行

出 版 人　薛文斌
地　　址　宁夏银川市北京东路139号出版大厦（750001）
网　　址　http://www.ygchbs.com
网上书店　http://shop129132959.taobao.com
电子信箱　yangguangchubanshe@163.com
邮购电话　0951-5047283
经　　销　全国新华书店
印刷装订　三河市华东印刷有限公司
印刷委托书号　（宁）0031781

开　　本　787 mm×1092 mm　1/32
印　　张　6.25
字　　数　100千字
版　　次　2025年1月第1版
印　　次　2025年1月第1次印刷
书　　号　ISBN 978-7-5525-7726-6
定　　价　68.00元

序

旗袍中的文化记忆

一

　　旗袍只是普通的服饰，但对于中华民族，尤其是女性来说，有着独特的意义。旗袍表现了东方女性之美，承载着无数女性的梦。

　　随着时代的变迁，如今的旗袍已经没有当年的模样。对现代人来说，旗袍既熟悉又陌生。旗袍更多作为一种民族文化的符号和象征出现在人们的视野中。《旗袍的故事》不是采用编年体的写作方式，使其仅仅成为旗袍历史的记录，也没有使用太多专业术语，使其变成一部枯燥的研究性著作，而是更多地从人性和人文的视角出发，用生动的文学语言，写下旗袍与人的故事。

　　旗袍从诞生那一刻起，它与人的故事就开始了。每一件旗袍的创作都是独特的，体现着创作者的思想和精神，表达着他们对美的追求。《旗袍的故事》中婉容的御用裁缝春儿，他寻思着："女人的魅力究竟在什么地方？他以裁缝的眼光观察，胸和臀是女人最富有魅力的地方。边想着，春儿的手腕不知不觉地抖了一下，剪出一条优美的曲线。"就这样，旗袍从原本肥厚的样式转变成如今窈窕的款式，展现出东方女性的曲线美。裁缝褚宏生为影星胡蝶制作改良版的"胡蝶旗袍"，这种旗袍"不似传统长度，而是缩短膝盖略下，袖子缩短肘上，使小腿和小臂袒露出来。这种短旗袍，下摆缀有三四寸长的蝴蝶褶衣边，短袖口上，也缀有这种褶。"还有为女作家张爱玲制作"奇装异服"——一身红色旗袍，并因此掀起一场小风波的裁缝师傅张造寸。"张爱玲又有了新点子。她要求张造寸为她做一袭红色上衣，既要有中式旗袍味道，又要洋气点，她画了一幅身着红装的自画像。然而过了几天，张爱玲面有愠色地找张造寸，说有小报记者写文章说'张爱玲穿奇装异服'，有个好事的漫画家还在报上画了一幅《奇装炫人的张爱玲》。"无论是提到的春儿、褚宏生、张造寸等，还是书中未提到的那些有名气的和没有名气的旗袍设计师，是他们赋予了旗袍第一次生命。

一件旗袍被设计制造出来，如果没有人穿它，那它只能是冰冷的物件，没有太多意义。当旗袍找到了它的主人，就获得第二次生命。旗袍穿在人身上，让旗袍的美得以呈现；人穿上旗袍，有了风韵，旗袍让穿着它的人焕发容光。人与旗袍相互映衬，相互成就，展现出真正的美。末代皇后婉容穿上旗袍，让人们感受到的是一个没落帝王家族的最后威严，体验到一种悲壮之美。"婉容在皇宫的日子很注重自己的穿衣打扮，每一次接见外国人，都以与众不同的满族旗袍服饰震惊朝野和媒体。她认为这是一件大事，也是大清的体面。"女影星阮玲玉穿上旗袍，人们感受到上海滩一位女性为了生存而挣扎在各种名利场的坎坷命运，体验到怜悯之美。"阮玲玉穿着绿底花织锦的紧身旗袍，烫着大波浪卷，脸上略施淡脂粉，耳垂上戴着唐季珊送给她的红宝石耳环。她和往常一样出现在各大活动中，身姿绰约，光彩照人。很少有人注意到，她画的眉线有些变化，眉尖略略向下，妖娆多姿中透露出悲伤。"女作家张爱玲穿上旗袍，人们感受到的是西方文化与传统东方文化之间的碰撞，一个叛逆少女在新文化与旧文化的斗争中成长，体验到一种自由之美。"一个作家离不开生活，在她的作品中更多体现的是个性，对某种事物的喜好，会时常在作品中出现。张爱玲笔下女性的旗袍都具有个性，旗袍在此，不光是女性的服饰，更是人物命运的外在化。借旗袍服饰的变化，表达女性内心世界、人物的性格和命运。文如其人，旗袍蕴含厚重的历史，和一个时代的意义。"要想了解旗袍，必须要了解穿旗袍的人。旗袍和它的拥有者构成他们之间的故事。旗袍穿在每个人身上有着不一样的意义，而各种旗袍穿在一个人身上，又会擦出不同的火花。旗袍与人之间，在不相同的时间和空间背景下，构成旗袍的历史，形成独具特色的旗袍文化。旗袍与人是不可分割的，旗袍的历史也是人的历史。

为了更好地从人性的角度揭示旗袍文化，《旗袍的故事》加入了口述历史的内容。口述历史这一概念最初是由美国人乔·古尔德提出的，意在原始记录中拣出有关史料，再与记载的相关历史文献作对比，相互补充，以期还原真实的事件，让历史更加完整。《旗袍的故事》不是使用简单的说明性语言进行陈述，而是采用口述历史的方式，通过肖伯青，当时在北京大学读书的亲身经历，进行生动翔实的描写，并得出"北京街头不见梳大板头装束的妇女，不是从一九一二年元月一日孙中山先生就任中华民国第一任临时大总统时开始的，而是从一九二四年（民国十三年）十一月五日溥仪被逐出紫禁城时开始的。北京几百年来旗人妇女梳大板头的风气，到这时根本绝迹了。"这一结论与很多资料的记载迥异，与认为从孙中山先生就任临时大总统开始，北京旗人女子就不再穿着旗袍是不一致的。任何历史资料都是由人所著述的，在记录过程中难免会出现各种偏差，后人仅凭单一史学家所著的言论来了解历史是不准确的。肖伯青是这段历史的见证和参与人，他的这段话是有力度的。肖伯青对于旗袍来说就是活着的历史。讲述这些人与旗袍的故事，表达他们对旗袍的看法，以此还原旗袍本身的样子。只有亲身经历过的人，才更懂得旗袍。他们看过，自己穿过，经历过旗袍疯狂的年代，旗袍文化也是他们的文化。

从人的角度出发，利用口述历史的创作手法，对旗袍进行解读，赋予旗袍生命。但是要想旗袍真正"活"起来，还需要翔实的内容作支撑。旗袍以其独有的方式，诠释旗袍生命长度、宽度和深度。旗袍是立体且丰满的，对旗袍的解读三个维度缺一不可。缺少了任一维度，旗袍就是停留在设计图样上的样子，平面且干瘪。

旗袍生命的长度，是一段既漫长又短暂的历史，这段历史延续至今，并将持续下去。说旗袍的历史很漫长，是因为旗袍起源于满族服饰，由满族的袍服发展而来。旗袍源于生活，具有典型的民族印记，是生活赐予人民的礼物。

二

随着清朝的建立，满族旗袍也进入人们的视野。清朝政府推行强制措施，要求男子必须遵守满族人的风俗习惯，改穿满服，但女子可保持不变。到后来，越来越多的女人，以穿旗袍为时尚。这时的旗袍除了保留原有的实用性外，加入更多审美元素。旗袍除了原有的服饰层面的含义外，又有一层意义，即身份和地位的象征。集实用、时尚、身份、地位和权力于一身的旗袍，成为中国历史上民族融合的典范。旗袍体现着民族和谐的美，展现着中华民族的智慧。至此，旗袍正式成为中华民族的服饰，而不仅仅是某个民族或者某类人的打扮，具有民族文化的代表性。不过，这时的旗袍与现代旗袍有很大不同，准确地说，属于前旗袍时期。

现代旗袍诞生于二十世纪二十年代，一九二〇年开始，中国时局动荡，随着西方文化传入，以及女权运动的兴起，人们摆脱传统思想的束缚，最直观的表现就是着装上的变化。女子服饰由宽松逐渐窄化，抛弃烦琐的"绲边"装饰，长马甲与短袄组合形成新式的旗袍。之后，旗袍的整体廓形由古代女子袍服的宽松直线向更为合体的曲线转变，勾勒出女性的曲线美。经过几番改革，传统旗袍得到了改良，现代旗袍诞生了，也称"祺袍"。一九二〇年到一九五〇年，是旗袍发展鼎盛时期，一度成为国服。身着旗袍的女性成为一张名片，向世界诠释着东方女性的美。

　　与西方女性不同，东方女性更多以柔美著称，温柔、体贴是东方女性的代名词，旗袍将东方女性柔美的特点展现得淋漓尽致。曼妙的身姿，柔和的身段，如月光，如流水。但是，旗袍的推广并不是那么顺利，当时许多人认为女性穿着旗袍，有违伦理纲常，侧缝收腰，突出曲线是羞耻的事情，是不能被接受的。反对女子身穿旗袍最典型的人物是军阀孙传芳，他多次发表言论，反对女子穿旗袍，认为旗袍伤风败俗。即使在这样的强烈反对下，中国女性也没有屈服，旗袍没有屈服。越来越多的女性身穿旗袍出现在公共场合，向封建传统思想宣战，最终取得这场女性革命的胜利。穿旗袍成为当时进步女青年的标志，柔美与刚毅碰撞，水与火融合，孕育出美丽的旗袍，更是先进女权主义对传统封建主义的胜利。旗袍是中国女性的标志，是形象代言，也是精神符号。

三

　　旗袍生命的宽度，在于旗袍在设计上的多样性与独特性，反映人们对美的追求。旗袍具有如此多的含义，如果没有强大的艺术表现能力，是不可能实现的。旗袍通过各种材质、色彩、造型和装饰元素，向人们传递信息和情感，散播它的美。

　　旗袍上每一个元素，在设计上都很多样化，衍生出不同样式。衣襟是中国传统袍服的重要组成部分，每种襟型都有其特点，有着不同韵味。连接衣襟的盘扣是旗袍的主要装饰，除了起到连接衣襟作用外，更起到突出旗袍主题作用。盘扣是情感与智慧的凝结，是美的象征。盘扣的种类也是多样的，常见有一字扣、花蕾扣、三耳扣、青蛙扣、叶形扣、树枝扣、凤凰扣、菊花扣、蝴蝶扣等。盘扣寓意美好，象征吉祥，一个小小盘扣的加入，让旗袍瞬间灵动起来。

　　衣领也是旗袍的核心部分，"领子是旗袍的灵魂，它主宰服饰的思想、风格和精神"。旗袍的领子，为美定下基调。领子是研究者关注的重点，说领子是旗袍的灵魂也不为过。旗袍的领子，体现出设计多样化的特点，展现出旗袍的不同精神。

旗袍上的不同图案，向人们诉说着旗袍的主题，展现旗袍的美。无论是面料本身的图案，还是后来添加的图案，都有着不同的意义，表达着不一样的情感。旗袍上的图案既有传统古典花纹，也有西方特色的几何图形。无论是什么样的花纹图案，都具有美好寓意和装饰效果。

旗袍上的每个元素排列与组合的形式，构成了旗袍的独特性，表达一种特殊的美。人们赋予旗袍生命，让旗袍变得厚重，充满色彩。

进入新时代，旗袍发生变化，旗袍已经过了最繁盛时期，但并没有消亡，旗袍藏在我们心里某个角落，等待着去唤醒。我们写旗袍的意义，是让更多的年轻人热爱传统文化，并把它发扬光大。新时期的旗袍融合东西方文化特点，注入更多新元素，体现新时代人们对审美的追求。旗袍形式可以发生变化，其魂和精神不会改变，最重要的是，旗袍与人的故事还会继续。旗袍融化人的情感，带着温度，寄托向往。

二〇二四年十二月十八日

目 录

第一章 旗袍的历史

第一章

旗袍的历史

满族服饰源流

　　旗袍，满语叫作"衣介"，意思是长袍，满族最具特色的服装。我国古代汉族服饰是衣裳相分，并不是连为一体的。满族旗袍却不相同，它是衣裳皆连，不分二体。

　　满族服饰表现出骑射民族的特点及装饰风格，尤其是旗袍，这种女性服装影响到现代时尚潮流，是服饰发展史上的重要组成部分。

　　"长白山、黑龙江，满族人的老故乡。"这是满族人中流传的顺口溜，关于满族的起源，《清太祖武皇帝实录》记载：

　　　　满洲源起于长白山之东北的布库哩
　　　山下，一泊，名布尔湖里。初，天降三

仙女，浴于泊，长名恩古伦，次名正古
伦，三名佛古伦。浴毕上岸，有神鹊衔
一珠果，置佛古伦衣上，色甚鲜艳，佛
古伦爱之，不忍释手，遂衔口中。甫着
衣，其果入腹中，即感而成孕……佛古
伦后生一男，生而能言，倏而长成……
其子乘舟顺流而下，至于人居之处登
岸，折柳条舆坐具，似椅形，独踞其
上。彼时长白山鳌莫惠之鳌朵里内有三
姓夷酋争长，终日互相杀伤……闻言罢
战，同众往视。及见，果非常人，异而
诘之，答曰："我乃天女佛古伦所生，
姓爱新觉罗，名布库里英雄。天降我定
汝等之乱。"因将母所嘱之言详告之，
众皆惊异，曰：此人不可使之徒行。遂
相插手为舆，拥捧而回。三酋长息争，
共奉布库里英雄为主，以百里女妻之，
其国定号满洲三乃募始祖也。[1]

---

[1] 《清太祖武皇帝实录》，载《满族服饰》，沈阳出版社，
2004，第 2 页。

有关满族起源的神话，带有母系社会印记。依据史学家研究和考证，满族形成于十七世纪初，他们的先世是明代女真人，而女真人的先世，可追溯到三千多年前的肃慎人，以及千百年来在东北地区生息繁衍的少数民族。满族于明末形成的过程，就是努尔哈赤统一女真各部的过程。

花卉翎毛绣服间，扈送春水与秋山。

顶珠腰玉今犹昔，女真衣冠制未删。①

这首诗的作者是清代诗人沈兆提。他于清宣统二年（1910 年）来到吉林，他在《吉林纪事诗》的序和跋中写道："春夏之交，浮江渡海，走幽燕，入辽沈，远游肃慎故墟。"而这首写满族服饰的诗，朴实无华，"诗歌或文学的存在，就是为了保存这个世界的差异性和丰

① 富育光主编：《图像中国满族风俗叙录》，山东画报出版社，2008，第 1 页。

富性——它所强调的是，世界除了我们所看见的那些，它还有另外一种可能性，这种可能性关乎理想、意义，关乎人心的秘密和精神的出路"①。这四句诗就是作者对生活的体悟和真实感受，描绘了满族服饰的渔猎特征，指明了满族服饰渊源。

《满族源流考》记载："虽语言旧俗不殊，而文字实不相沿。"满族来源于女真族，自然有女真族习俗延续。入关以后，满族人受汉族影响很大，但仍然保持主要的习俗，最典型的就是服饰。

衣食住行看似平常事情，但它是一个民族的生存之本。不用开口说话，从服饰就能辨认出民族。满族服饰是长期以来在生活中形成的，同时继承了女真人的一些习惯。宇文懋昭所著《大金国志》记载：他们是"善骑射，喜耕，好渔猎"的民族，每当白雪铺天盖地，寒风呼啸的季节，满族人以"厚毛为衣，非入室不撒……"由

---

① 谢有顺：《诗歌中的心事》，福建人民出版社，2017，第5页。

于地缘关系，满族人衣服款式和材料都带着独特风格。

清统一全国后，满族服饰成为统一服饰，在我国盛行近三百年。

满族服饰的特点

　　《大金国志》中记载，女真人"善骑射，喜耕种，好渔猎"。女真人衣裳的材料主要来源于野兽皮。满族继承女真族习俗，男子剃发编辫，辫发垂肩。

　　由于地处寒冷地带，冬季漫长的原因，满族人的服饰和气候分不开。满族人有戴帽子的习惯，他们一年四季戴不同的帽子，从帽子的变化，感受不同季节。春秋是暖帽，夏天草编凉帽，冬天戴皮帽，帽子顶点缀一束红缨。脚上的鞋极具特色，冬天穿的乌拉，只有东北才能见到。

　　一个骑射民族，装束重要的是要可体，简洁，有条理。满族人的裤子，下幅四处开衩，是

为了骑马方便。缺襟袍的右前侧，短出一尺，平时穿着时，仅用三颗纽扣，将其系在里襟上，如果骑马不系扣也行。满族袍子上的箭袖，长约半尺，形似马蹄，人们习惯称为"马蹄袖"。马蹄袖主要来源于狩猎的生活习惯。进关以后，环境发生变化，骑射活动变成一种象征，逐渐从日常生活中退出。箭袖失去原有的意义，只是作为象征和过去留下的印迹，成为礼服或礼节中的一部分。马蹄袖平时挽起，遇到上级或长辈，袖子弹下，行半礼或全礼，入关以后，所有的民族都在行这种礼。

因为满族人俗称旗人，他们穿着的袍服，被称作旗袍。

关于旗袍

　　满族人的旗袍，起初不是满族妇女专用，它是满族男女老少都穿的衣服。《周易·系辞下》指出，黄帝尧舜"垂衣裳而天下治"。记载中的衣裳是中华文明中服饰规格的最高形式。古时的衣是指上衣，裳指下裙，后来统称"衣裳"。一年四季没有大变化，款式一样，只是单、夹和皮的区别。旗袍则不同，被看作简洁化的连衣裙，努尔哈赤建立八旗制度以后，它成为旗人特有的衣裳。旗袍并不是起源于清代，在它以前，有着漫长的培养期。

　　北方游牧民族所穿的袍服与地域有关系，为了更好地生存，这些民族摸索形成独特的民族饮食文化和服饰文化。袍服为了实际需要，多采用左衽、窄袖，袍身四面开衩，有扣襻，束腰带，大小合身，这样既方便穿脱，又保暖，且适合他们的生活方式。生活在北方的满族擅长渔猎，这里气候寒冷，冬天漫长，大雪封地的季节，裹身保护自己，才能抵御风寒。十七世纪初，满族人过着游牧生活，又频繁征战，在这样的背景下，形成了宽腰身、直筒式的袍服。袍服被满族人接受，不论男女老少皆穿，只是叫法不一样，男袍为长袍，女袍叫大衫。穿时有讲究，普通人穿不过脚，姑娘出嫁时才穿过脚礼服。

《柳边纪略》是清康熙四十六年（1707年）杨宾写的一部东北地理学专著，书中记载："我于顺治十二年流宁古塔，尚无汉人，满洲富者缉麻为寒衣，捣麻为絮，贫者衣狍、皮，不知有布帛。"[①]入关以前，满族人生活在东北地区，以狩猎为生，服饰多以皮毛为主。那时的绸布衣服大多来自马市，还有从战场流出的。在这种情况下服饰无男女区别，也无贵贱之分。进入辽沈以后，物资丰富，物流通畅，从汉族地区输进布匹

---

① 杨宾：《柳边纪略》，中华书局，1985，第57页。

和绸缎，更重要的是学会种棉、纺纱与织布。服装面料发生大变化，但所穿的款式仍然保持民族传统。

旗袍做法不复杂，同时穿用方便，取代汉族略显臃肿的宽袍大袖、拖裙盛冠。旗袍最初的使用范围广，包括男女之袍，还有朝袍、蟒袍和常服袍。随着社会发展，服饰分类越来越细，后来指妇女所穿的袍服。

最初的旗袍，男女区分主要是服饰图案不同。男式旗袍叫箭衣，袖口狭窄，上长下短，袖口盖在手背上的部分称作马蹄袖。由于男人要骑马和追杀猎物，袍四侧开衩，腰门系一条布袋，上挂小刀、匙和箸等一些日常用品。每次出猎时，将干粮装进前襟。妇女长袍的袖子不是马蹄袖，袖口平大，衣袍长得可以掩盖脚。领口开得低，如果不用领时，脖颈上围一条领巾即可。冬天穿棉袍，夏天穿单袍，男女旗袍都没有领子。努尔哈赤为统一衣冠，制定衣冠制："凡朝服，俱用披肩领，平居只有袍。"其规定，日常穿的服装不能带领子，入朝时穿的朝服，加上形似披肩的大领。

综上，旗袍演变分为两个阶段。第一阶段，由于满族人是游牧民族，善于骑射，穿的袍不能与生活脱节，所以瘦长紧窄，袖口亦小，装饰不复杂，简单而朴素，前后襟，下幅和左右四侧开衩。第二阶段的旗袍变得宽肥，袍身变为前后开衩，捻襟处开一条缝，叫作一裹圆，又名一口钟，或为小袍。旗袍面料厚重，多提花，装饰变得烦琐，追求细节，与受汉族服饰文化的影响有关。

清朝服饰形制多而杂乱，条文比任何一代都多。

其特征之三是旗人之袍等级分明，制度浩繁，是一种等级身份的标志。清代服饰的条文规章多于以前任何一代，对品官冠服的色彩质地、当胸补子、朝珠等级、翎子眼数、顶子材料都有严格区别。此外还有其他一些服饰禁例，如：凡五爪龙缎、立龙缎等，官民均不得服用，如有赐者，亦应挑去一爪穿用；军民等一律不得以蟒缎、妆段、金花缎、片拿、倭缎、貂皮、猞猁狲等为服饰；八品以下官员不得服黄色、香色、米色及秋香色；奴仆、伶人、皂隶不许穿花素各色绫缎……所有这些森严的服饰，度不得逾越半步，更增加阶层之间的壁垒作用。[1]

清政府服制的规定中，既有汉族服制的特点，又保存满族习俗礼仪，二者相互交融，形成特有的风格。

① 徐海燕编著：《满族服饰》，沈阳出版社，2004，第10页。

旗袍的传说

　　旗袍蕴含丰富，展现了民族文化，是自然美的象征。"一个地域的文化和习俗往往真实地记录着这个地域人们的生活形态，因而这些实录资料是十分珍贵的。这些民俗文化资料的价值，恰恰在于它的真实性和实用价值。"[①]民俗学家这句话，也可以用来解读旗袍。从字面上解义，旗袍是旗人所穿的长袍，它和以后的旗袍血脉不可分割。学者徐海燕指出："用作礼服的朝袍、蟒袍以及清朝末期男子的长衫大袍等，从严格意义上说已不属于'旗袍'范畴。"[②]关于旗袍，有这样

---

① 曹保明：《乌拉手记》，学苑出版社，2001，第 2 页。
② 徐海燕编著：《满族服饰》，沈阳出版社，2004。

的传说：

传说很久以前，在风光旖旎的镜泊湖边，住着一个名叫黑妮的美丽姑娘，她心灵手巧，聪慧善良，很有创造精神。那时的满族女人穿的都是古代传下来的衣服样式，裙子宽宽大大，走动拖拖拉拉。黑妮是渔民的女儿，整天打鱼晒网，穿起来很不方便，于是，就自己动手裁制一件连衣带裙的多扣儿长衫。这种长衫两侧开衩，下湖捕鱼时，可将下摆撩起来，系于腰间。平时下衣襟，又可作为裙子。此服一出，一时间，镜泊湖边的妇女争相效仿。有一年，当朝皇帝夜梦先祖，得到昭示：在遥远的北国故都，有一位穿十二绢锦袍的美貌姑娘，她就是皇上的娘娘。于是，皇上马上派人去北国寻找。钦差大臣带了一千人马，明察暗访很长时间，终于在河边遇上了正在汲水的黑妮姑娘。钦差大臣见黑妮不仅美丽绝伦，而且穿着那件秀丽典雅的锦绣长袍。他们把她当作皇上的娘娘抬进了京城。皇上一见黑妮穿着长长的衣袍，显得又苗条又俊美，远胜过宫中那些后妃宫女的衣袍，当即封她为黑娘娘。身穿长袍的黑娘娘很受皇上宠爱，八旗的女子也都效仿黑娘娘的样子穿起了这种长袍。后来，黑娘娘虽被嫉妒她的其他皇妃们诬陷而死，但她创制的长袍却被满族妇女普遍接受，并渐渐取代了以往的传统服装。这种长袍，就是我们所了解的最初的旗袍。①

传说表达了人们的美好向往，悲伤婉转的故事，除了感动人，也说明旗袍是劳动人民创造的成果，所以有旺盛的生命力。

徐珂《清稗类钞》记载："八旗妇女衣皆连裳，不分上下，盖即古人男子有裳、妇人无裳之

---

① 徐海燕编著:《满族服饰》，沈阳出版社，2004，第11—12页。

遗制。"旗女所穿的袍服就是最初的旗袍，明末清初八旗制度的确立，使得满族袍服发生大的变化。它与早期的款式有所不同，尤其是满族女性穿的袍服，在发展过程中逐渐演变，弃旧体而有新体。这时的袍可以说是旗袍的前身，满族进入中原后，不改旧俗，以袍服为尚，不管什么衣服都是袍制。清朝统治者为了守护江山，保存纯正民族文化，强调说满语，重视骑射，维护原有的生活习俗。

传说不是档案文献的记载，它是民间以口头形式流传下来的，对百姓生活有着深远影响，也是文化传承的重要载体。传说是群众创作的，口耳相传，把一些有影响的民间传说与地方风土人情相结合，既有生活气息，又在不平常中感动人。

这些关于旗袍的传说，细致而又富于戏剧性。它经过无数人口耳传播，贮满人的体温和情感。从每一句话中找线索，让人们听见旗袍回声，又看到它流露出的奇异瑰丽的气质。俄国作家高尔基指出："民间文学，就是不断地和独特地伴随历史的。因此，如果不知道人民的

第一章　旗袍的历史

口头创作，那就不可能知道劳动人民的真正历史。"① 高尔基说出了民间文学的力量，它是地方历史文化不可分割的一部分。了解故事传说，就懂得地域和民族的发展史。

旗袍传说和其他传说一样，反映了满族人的历史，体现民族感情和生活，以及他们的精神面貌和人情世态、民族特征与性格。很久以来，满族人和其他民族人民一起，开发了东北这片土地，并在这里繁衍生息。他们热爱大自然和家乡，这种感情烙印在各种传说中。

---

① 高尔基：《苏联的文学》，载《朝鲜族民间故事选》，上海文艺出版社，1982，第 4 页。

旗袍的演变过程

清政府为了维护统治，表现政治上的开明，稳定民众情绪，采纳明朝遗臣金之俊的"十不从"意见。其中有"男从女不从"的条款，它的意思是，男子遵守满族人风俗习惯，必须改穿满服，女人可保持不变。为了缓解矛盾，戏装、结婚礼服和死殓丧服可以保留明代款式。在这样的政治背景下，不同民族服装风格不知不觉相互影响，为服饰的演变提供了有利条件。

从顺治、嘉庆年间多次颁布的禁令中，可以知道满族妇女多次违禁学习汉族妇女装束，可见当时学习汉族妇女装束的风气之盛。清朝后期，汉族妇女效仿满族人的穿戴，她们以穿旗袍为时尚，满族和汉族女服的样式差别越来越小，肥大的袍身变得瘦而合体，显现女性的曲线美。长期的通婚，相邻为居，各取所长，旗袍的样式不断地改进，服饰随着社会的发展分工变得细致，男人穿的长袍，从女人的袍中分离出来。旗袍的演变具有革命性的颠覆，使之与生活更加贴近，成为独具东方女性特色的服装，流传至今。

任何事物的发展都需要时间见证，清代满族和汉族女性服饰，经历考验和相互融合的过程。清朝前期甚至到了中期，满族和汉族女子的着装，还是有界限形制的。在嘉庆、道光之前，汉族妇女服饰明显具有明代形制，以衫裙为主，腰间系一条宽巾带。满族妇女的服饰与满族男子大体相同。随着满族统治地位牢固，社会稳定下来，农业经济替代渔猎经济，骑马射箭、狩猎的生活成为历史记忆，经济结构产生变化，大多数旗人有了耕地，有了四合院，有固定生活形式，他们深受汉文化的影响，旗袍和人的变化一样，用料和式样也在不断改变。

旗袍是历史的活化石，积淀浓郁的民族色彩，将女性的美凸显得淋漓尽致。旗袍已经不是一般意义上的服装，是美的象征，已经成为一种经典。

第一章　旗袍的历史

清代初期，旗袍外部轮廓呈长方形，衣襟右掩，领口为圆，窄袖，扣襻，两腋部分收缩，袍下部开衩，下摆幅度宽大。旗袍为一块布料一体剪裁，不重叠任何部分。衣领和袖口镶边比较窄，颜色素雅，这个时期的旗袍体现出实用特点。

服饰写意是与每个人日常生活最息息相关的审美活动，我们如此熟悉它，却又陌生于它。熟悉是因为我们每天都需要穿戴它，在这个意义上它已成为我们的"第二皮肤"。陌生却是因为从审美的角度来认知和理解它，服饰的写意是否能够给人以审美快感和更高水平的美，其核心就是要看穿者如何选择、搭配、演绎出服饰与人体的动态和谐美。服饰写意的过程既承接了一度（原材料的选取）、二度创作（设计制作）的审美成果，更由于人的穿着，使服饰自身的审美价值得以升华，人的内在精神价值得以彰显。服饰写意就是让我们的服饰形象和人生形象在服饰艺术美的规律引导下成为"有意味的形式"。①

　　清代中期，旗袍的样式发生变化，除了原来的圆袖外，出现新款式，狭窄的立领，袍身和袍袖宽大，与清初时不同。下摆略不相似，多垂至脚踝。

　　清代中后期，旗袍分增类多。在隆重的场合出现，要穿礼服袍，其中包括朝服、吉服和行服，礼服袍外加马蹄和装饰，袍里穿一件贴身小袄。平时生活中穿便服袍，指的是旗袍衬衣和氅衣。衬衣圆领右衽，捻襟直身平袖，无开襟，有五个纽，衣长掩足。这种衣服穿在里面，其袖分有和无两类，袍的面料大多是绒绣、织花和平金，加以边饰。夏季的时候，天气炎热，衬衣能单穿，秋冬两季，天气一天天转冷，可以加皮和棉。氅衣穿于正式场合，它与衬衣相似，穿在衬衣的外面，不同的是左右开至腋下，开楔顶端，饰有云头。边镶和纹饰精细，缀有花边、花绦子和狗牙儿。

　　文康，清代小说家，费莫氏，字铁仙，一字

<hr>

①　赵伶俐、许世虎、李雪银主编：《审美·跨界——从规律到写意》，北京师范大学出版社，2017，第 111 页。

第一章　旗袍的历史

悔庵，号燕北闲人，满族镶红旗。徽州知府，后被任命为驻藏大臣，因病无法赴任。他出身显贵，早年时，家世盛极一时。晚年过得悲凉，诸子不肖，家道中落，以至于变卖家中所有的物品。孤独的文康仅有笔墨相伴，看清世运变迁、人情冷暖，写出长篇白话小说《儿女英雄传》。他以精细的笔触，刻画出十九世纪中国的社会面貌，其中有许多关于旗袍的描写：

> 只见那太太穿一件鱼白百蝶的衬衣儿，套一件绛色二则五蝠捧寿织就地景儿的氅衣儿，窄生生的袖儿，细条条的身子。周身绝不是那大宽的织边绣边，又是甚么猪牙绦子、狗牙绦子的胡镶滚作，都用三分宽的石青片金窄边儿，塌一道十三股里外挂金线的绦子，正卷着二折袖儿。头上梳着短短的两把头儿，扎着大壮的猩红头把儿，别着一枝大如意头的扁方儿，一对三道线儿的玉簪棒儿，一枝一丈青的小耳挖子，却不插在头顶上，倒掖在头把儿的后边。

清朝后期，满族妇女穿的长袍，随着时代变化又有新的发展，袍身宽博，肥袖延伸过肘，扣缀右侧，下摆开衩。袍的线条平直硬朗，外形以直线为主，不用曲线，腋部收缩不明显。下摆的长度盖住脚面，鞋底露于外面。这个时期流行元宝领，领高遮住腮，碰到耳垂。袍身绣有多种花纹、领、袖、襟和裾有多重阔的绲边。咸丰和同治年间，镶滚达到高峰时期，有的衣服全用花边镶滚，甚至无法辨识衣料的本质。

　　男式旗袍也在变化，特别是袖口，还有腰身窄小，差不多与京样衫子相似时，女式旗袍大反其道，兴起喇叭袖。其中大挽袖的袖筒宽松，阔尺余，长过手半尺左右，袖里绣各式花卉，色与袖面相差很大。它更讲究时尚，穿在身上袖挽起与袍身对比鲜明，显现出与众不同。套花袖有新样式，它表现在袖口上，接出一层或几层不同颜色的半尺左右的假衣袖。这种时尚装束，能够表示人的身份和富有，凸现旗装封闭风格。假袖口不随意，用料考究，装饰上追求与旗袍相同，层次感丰富。晚清时旗袍盛行腰身窄裉，下摆平直，领子加高，这种款式一直流行到民国时期。

旗袍是文化符号

　　旗袍成为中国服饰文化的象征，地位是任何服装不可取代的。旗袍在不同时期表现不一样，清代体现在烦琐的样式上，主要有对襟、琵琶襟、捻襟。民国时期体现在用料方面，不仅有丝绸，还用引进西方的棉、毛、丝和麻，以及各种化纤布料。

　　旗袍的谐和之美，展现在没有过分的修饰和过多的附件装饰，适应环境的需要，有平和的美和高贵的单纯。

　　肖伯青的口述史，将我们带回那个时代，他的回忆弥补了史料的不足，使消失的历史更贴近全面的真实。讲述中复活过去的历史，展示旗袍变迁史。

　　一九二三年暑假，肖伯青考进北京大学，校

址在景山东街四公主府。西斋宿舍西面是景山东墙，这里距离故宫神武门不算远。他后来发现所住之处原来是旗人聚居的地方。从鼓楼、地安门，直到景山东街和各条小巷，住的大多数是旗人。从顺治年间至现在，旗人居住在这里有二百七八十年的时间。肖伯青在回忆中说：

一九二四年甲子年元宵节，我首次在异乡做客过正月十五日。晚间曾邀了北大俄国文学系同学吕漱霖一同跑到后门外鼓楼前大街看花灯，看放花炮的。还曾坐了大车从后门西行到火神庙去看院中烧了满肚子煤火的火神爷，耳目口鼻七窍中蹿出火苗约尺许长。这天晚上看见不少的旗人妇女，穿长旗袍，梳大板头，面部擦了胭脂粉，长身玉立，端庄大方，杂在人群中看灯看花。这时辛亥革命虽已十余年，但旗人妇女着旗袍的风气，仍存在于民间。

一九二四年秋，第二次直奉战争爆发。冯玉祥将军率部开赴古北口前线。

十月二十五日突然班师回京，反吴（佩孚）倒曹（锟），佩戴写有"不扰民、真爱民、誓死救国"的袖章的国民军在城中遍贴六言的班师布告。囚了曹锟，电请孙中山先生北上共议国是。十一月五日，又派鹿钟麟进入皇宫驱逐溥仪出宫，溥仪当天迁到后海醇亲王府。从这一天起，在北大附近的大街上，在全北京的大街上再也看不到梳大板头的妇女了。北京街头不见梳大板头装束的妇女，不是从一九一二年元月一日孙中山先生就任中华民国第一任临时大总统时开始的，而是从一九二四年（民国十三年）十一月五日，溥仪被逐出紫禁城时开始的。在北京几百年来旗人妇女梳大板头的风气，到这时根本绝迹了。

说来也很奇怪。北京街头梳大板头的不见了，穿木头底鞋的有了，而旗人妇女穿的旗袍却悄悄地在北京市民中流行起来了。很快地从北京流传出去。二十年代中叶起，妇女穿旗袍已风靡全国，不仅各大城市妇女穿裙子的少了，都穿上了旗袍，连乡村妇女也穿上旗袍了。旗袍这种衣服也真是具有优点，它穿在身上合身合体，自然优美，显得亭亭玉立，俏丽大方，且易裁易做，又省料子。外国来中国游历者，甚至美学家、艺术家无不称赞中国妇女穿的衣服最富于线条美。[1]

我们今天面临的不是消解记忆，而是强化。如果不想让时代证人亲眼看到过的经验在未来消失殆尽，必须把它转化成文化的记忆。

光绪十五年（1889 年），举人徐珂在笔记《清稗类钞》中记载："八旗妇女衣皆连裳，不分上下，盖即古人男子有裳、妇人无裳之遗制。"旗人女子所穿的袍服就是最初的旗袍。清代满族女子的平常服饰称为衬衣或氅衣，极少有人叫旗袍。清代满族女性穿袍，汉族女性穿褂、袄配裙

---

[1] 肖伯青：《旗袍六十年》，载《旧京人物与风情》，北京燕山出版社，2003，第 223-224 页。

和裤。一直到了清末，满汉生活习惯交融，服装区别已经模糊，不好分辨。民国初的女性，穿袍情况没有普及。

辛亥革命前夕，许多积极参与革命团体的青年女性喜穿长袍，周亚卫在《光复会见闻杂忆》中回忆，一九〇七年秋瑾的装束："当时身穿一件玄青色湖绸长袍（和男人一样的长袍），头梳辫子，加上玄青辫穗，放脚，穿黑缎靴。那年她三十二岁。光复会的年轻会员们都称呼她为'秋先生'。"

一九一一年，辛亥革命后，帝制被废除，中华民国成立，社会竞相办起女学，寻求思想解放和个性解放的社会大背景，给女子服饰带来改良的契机。一些报刊发表了有关旗袍的史话，一九二〇年，《解放画报》第七期刊发文章："不料上海妇女，现在大制旗袍。"一九二〇年，上海、北京兴起旗袍，很快南下流行到广州和香港。据资料记载："民国十六七年（1927年、1928年），国民革命北伐军底定长江两岸，一切去旧布新，社会风气为之一变。青年妇女纷纷改着袍或长衫，通称'旗袍'，于是妇女袍服之风迅速遍及全国。"当代作家汪曾祺也写过旗袍，

他在《徙》中写道:

> 高雪小时候没有显出怎么好看。没
> 有想到,女大十八变,两三年工夫,变
> 成了一个美人,每年暑假回家,一身白
> 旗袍(在学校只能穿制服:白上衣,黑
> 短裙),漂白细草帽,白纱手套,白丁
> 字平跟皮鞋,丰姿楚楚,行步婀娜,态
> 度安静,顾盼有光。①

汪曾祺写了高雪穿的白旗袍,可见在当时这
种装扮是时尚的。旗袍不仅是人们穿着的服装,
也蕴含有复杂的历史因素,在纷乱多变的社会大
背景下,不同民族文化观念的渗透,通过生活经
验的积累和各阶层女性的创造和模仿,逐渐变迁
而来。一九二九年,国民政府在颁布的服饰条例
中,顺应时势地把旗袍列为女子礼服,同时是唯
一的公务员制服。一九二九年,当时国民政府颁

---

① 汪曾祺:《汪曾祺小说经典》,人民文学出版社,2005,
第 165-166 页。

布服制条例，妇女服饰分为甲、乙两款。甲式是袍，规定为："齐领，前襟右掩，长至膝与踝之中点，与裤下端齐，袖长过肘与手脉之中点，质用丝麻棉毛织品，色蓝，纽扣六。"这是标准的旗袍样式。服制条例颁布后，全国女性开始穿旗袍。

一九三一年至一九四一年，社会上风行的旗袍，先短后长，竟有长至整个足背，袖子反而变得短，甚至露出肩胛，左右衣衩，也越开越高，领子加高。十年间，旗袍样式几处地方多变，衣长、袖长、衩高、领高多样化，时髦的妇女更是大胆超前，缀以绲边花扣，学校女生都以穿阴丹士林布旗袍为时尚。

学术界对于旗袍样式起源，一直争论不休。旗袍的源头是哪里，是上海、广东或香港，还是善骑射的满族，无论哪一方论者，都有证据可言。许多复杂的因素，给研究者们推断旗袍准确的流行时间点位带来很多困扰。

一九一九年，"旗袍"这个词出现在民国文献中。一九二〇年以后，民国报刊中多次使用旗袍。所以旗袍在当时流行起来，许多学者和文人墨客，还有后来写的文字中都有所表现。

旗袍变化多端

　　旗袍的改良，开始于二十世纪二十年代"华洋杂处"的上海。摩登女郎、社交名媛、电影明星、戏曲名角们，对旗袍特别有感情。她们的旗袍样式与众不同，新潮服饰一上市，必买来穿戴在身，引领时装潮流。在新旧碰撞的大背景下，发生了很多有趣的故事。茅盾长篇小说《子夜》中写道：

　　　　他第一次意识地看清楚了二小姐的装束；虽则尚在五月，却因今天骤然闷热，二小姐已经完全是夏装；淡蓝色的薄纱紧裹着她的壮健的身体，一对丰满的乳房很显明地突出来，袖口缩在臂弯以上，露出雪白的半只臂膊。一种说不出的厌恶，突然塞满了吴老太爷的心胸，他赶快转过脸去，不提防扑进他视野的，又是一位半裸体似的只穿着亮纱坎肩，连肌肤都看得分明的时装少妇，高坐在一辆黄包车上，翘起了赤裸裸的一只白腿，简直好像没有穿裤子。"万恶淫为首！"这句话像鼓槌一般打得吴老太爷全身发抖。然而还不止此。吴老太爷眼珠一转，又瞥见了他的宝贝阿萱却正张大了嘴巴，出神地贪看那位半裸体的妖艳少妇呢！老太爷的心卜地一下狂跳，就像爆裂了似的再也不动，喉间是火辣辣地，好像塞进了一大把的辣椒。①

当旗袍进入人们视野，成为中国女性的常服之后，经历了一系列改良。二十世纪三四十年代的电影明星、名媛和一些富太太，她们成为服饰

① 茅盾:《子夜》, 中国青年出版社, 2021, 第10页。

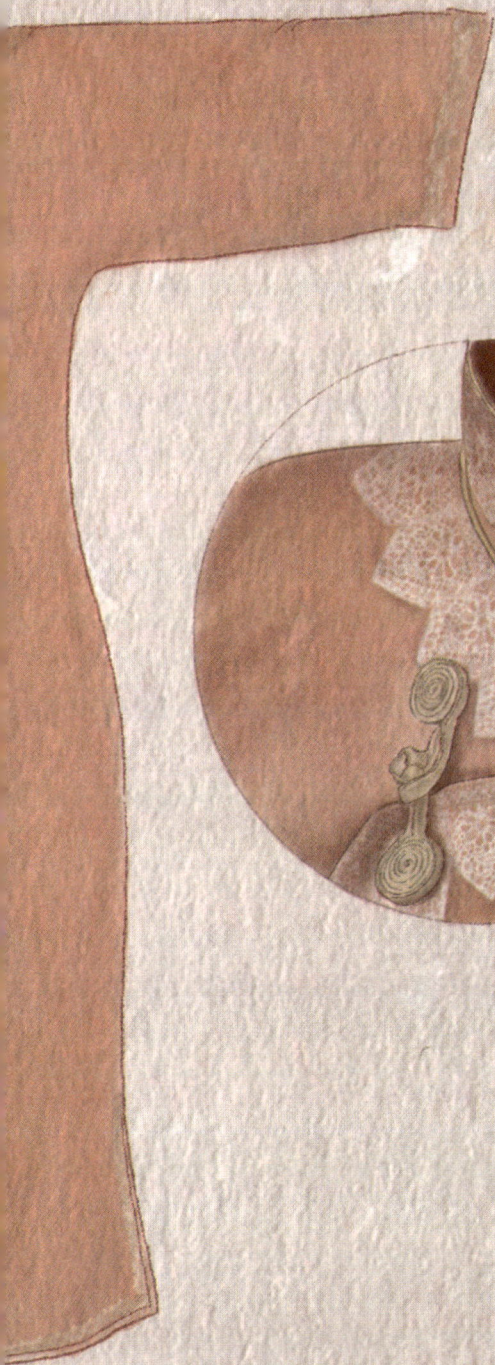

潮流的引路人，出入各种公众场合，在舒适环境下，过着时髦休闲的生活。她们是焦点人物，被报刊关注。

一九三一年，旗袍兴起"花边运动"，四周都加上花边。一九三二年，沪上名交际花薛锦园率先穿上花边旗袍，四周镶上珍珠花边。当她先后在南京路大东舞厅和静安寺百乐门舞厅亮相时，人们的眼睛为之一亮，这款薛锦园式旗袍风靡上海滩，新派女性随即竞相效仿，旗袍无不衣边扫地。一九三三年之前，旗袍多采用低衩或无衩。

一九三三年之后，旗袍大衩逐渐流行。从一个大字，就能感受字面的意义，当时仅是衩高过膝，旗袍的超前深受保守思想的抨击。后来旗袍开衩达臀部，腰身变得紧窄，女性秀美的腿部得到充分展示。

电影明星顾梅君经常穿大衩旗袍出入交际场合。旗袍左襟开衩，连袖口开起半寸长的大衩，民间有"顾梅君式旗袍"的说法。

旗袍强调胸部挺拔，臀部上翘，完美展现女性的曲线。对于胸部小巧、平坦的女性来说，穿旗袍与预想的结果不同。民国时期，为了改变胸部平坦的局面，有的女性采取胸前塞棉花，凸出胸部，少数的女性将小皮球剖成一半，做成假乳。

二十世纪二十年代末期，乳罩从国外来到中国，人们叫它义乳。这种新生事物，一时难以让中国女性接受。当时的电影女明星，她们是引领时尚的弄潮儿，是时尚的先行者，先行试戴乳罩。

二十世纪三十年代，女性差不多都穿旗袍。先是时兴低领口，接着流行高领口。炎热的夏天，酷暑难耐，薄如蝉翼的旗袍为了赶时髦，仍配上高至耳边的硬领。此后，又盛行低领，领子越低越时尚，最后无法再低，干脆领子也不要了。旗袍下摆长度时长时短，长时盖过脚面，一走路衣边扫地，短的时候则在膝盖略上部分。二十世纪三十年代，旗袍流行长下摆，长可及地，盖住脚面，人们形象地称"扫地旗袍"。当时名闻上海滩的姊妹花陈玉梅、陈绮霞，以穿这种旗袍而著名。

民国时期，女性旗袍随着潮流不断发生变

化，旗袍的下摆长短、腰身宽窄、领口样式、袖子大小等方面都有所变化。长旗袍一般配高领，衣领紧裹脖颈，有的直抵下巴，即使炎热的夏天，女性穿着旗袍也不改高耸的姿态。再配上高跟鞋，长旗袍将女性衬托得身材细长。旗袍下摆过窄，致使行动有所不便，于是旗袍开衩，高开衩解决行动不便的问题，而且在女性走动时，隐约露出白皙大腿，非常性感。

二十世纪三十年代末期，改良旗袍借鉴西式服装剪裁方法，有了胸省和腰省，肩缝和装袖使肩部和腋下变得适体。改良旗袍的出现，使曲线凸出的女性美成为社会时尚。

旗袍可以与各式服装搭配，比如冬季在旗袍外面套裘皮大衣，在旗袍的领、袖处搭配毛皮饰边，这些都是时髦的穿法。

一九三七年，日本人进攻破坏了蓬勃发展的时装业，人们为活命四处奔逃，在硝烟弥漫的大环境下，服饰的随意和方便是大家所需求的。此时旗袍裁剪西式化，袍身合体。

一九四〇年，旗袍样式趋向简洁，缩短长度，降低领高，省去烦琐的修饰。夏天时旗袍不见袖子，女性露出丰腴的臂膀，显得妩媚动人。

民国期间对旗袍的改造从未停止过，尤其是在上海，旗袍下摆的长短、开衩的高低、有袖与无袖、袖之长短等方面，几乎是每隔一段时间就会出现变化。而这些变化，跟西方服装变化的步伐几乎同步。

阴丹士林旗袍

民国时期，上至贵族，下到平民，女性都穿旗袍。旗袍一年四季皆可穿。夏季单旗袍，冬季棉旗袍，为长袖，长下摆，重保暖轻时尚，春秋穿夹旗袍，里面可穿其他的衣服。

旗袍属于开放式，它可以任意搭配，受季节影响小。天凉时外面加短背心或绒线衫。冬天的时候，旗袍外面套裘皮大衣，领口和袖子加以毛皮饰边。旗袍与丝巾、丝袜、项链、耳环、手表、皮包、高跟鞋等一些时尚物件完美搭配。旗袍是民国女性的最爱。

随着时代发展，旗袍也在变化。当时，旗袍出现两大流派，即京派与海派。旗袍的发源地在北京，开始时，它结合汉族立领元素，左右开衩的特点，改良旗袍为京派旗袍。此后，技术有了突破，平面裁剪改为立体裁剪，并且在原来的基础上添加腰身等时尚元素，此类被称为海派旗袍。海派旗袍细长合体，适合南方女性身材特点，成为流行服饰，后取代京派旗袍。

京派旗袍与海派旗袍主要以风格区分，并不是以地域为标准。京派与海派不是代表地域，而是代表艺术、文化上的两种风格。海派更多吸收西方艺术特点，形式变化多样，洋溢着商业气息，京派风格正如前面的"京"字，则带有官派作风，显得端庄大方，松紧有度。

在当时，阴丹士林旗袍特别流行，这是民国兴起的一种布料。阴丹士林是人工合成的蒽醌类化学染料，用它染制的布匹，颜色鲜艳，抗日晒和洗涤。其中蓝布最为畅销，阴丹士林旗袍成为女知识分子的首选。

阴丹士林与传统土布相比，颜色鲜艳，种类多，质量特别好。它与纯洋布相比较，朴素大方，价格不高，满足各种层次人的需求，很受人们喜爱。当年阴丹士林布的宣传广告很经典，它走俏都市乡村，学生们以穿阴丹士林布

第一章 旗袍的历史

045

制服为时尚，时髦的女性也穿阴丹士林布做的旗袍。

木心，中国当代作家、画家。原名孙璞，字仰中，号牧心，笔名木心，原籍浙江。木心从小接受传统私塾教育。他是林风眠的学生，一九四八年自上海美术专科学校毕业，毕业后任教于浦东高桥中学。木心生活在上海，看到在春天女性不顾清冷的日子，仍然穿上阴丹士林布旗袍，他写道：

> 旗袍并非在于曲线毕露，倒是简化了胴体的繁缛起伏，贴身而不贴肉，无遗而大有遗，如此才能坐下来淹然百媚，走动时微飔相随，站住了亭亭玉立，好处正在于纯净、婉约、刊落庸琐。以蓝布、阴丹士林布做旗袍最有逸致。清灵朴茂，表里如一，家居劬劳务实，出客神情散朗，这种幽雅贤惠干练的中国女性风格，恰恰是与旗袍的没落而同消失。蓝布旗袍的天然的母亲感、姊妹感，是当年洋场尘焰中唯一的慈凉

襟怀——近恶的浮华终于过去，近善的
粹华也过去了。①

　　旗袍生动具体地演绎了海派文化的真谛：海
纳百川、中西结合、古为今用。西方的时尚元素
和中国传统的审美在旗袍身上结合得那样和谐
完美，真可谓天作之合。旗袍可称得上是百搭，
外面既可配皮草，也可搭配羊毛开衫，或者小
外套，雍容随意，别有风味，各有风韵。旗袍
适合任何年龄阶层的女性，从青春少艾到高龄
妇女，都相宜相适。面料也可多元，从最普通
的阴丹士林棉布到绫罗绸缎、羊毛薄呢，甚至
用毛线编结都合适，只要搭配恰当、场所合适，
都可穿出道道风景。要让旗袍穿得好看，最主
要的是穿着者的内涵：婉静、优雅，动作幅度
不能太大，言语要斯文，不要搔首弄姿，这才
是最重要的。
　　一九二七年，李镌冰在《妇女装饰之变化》

① 　木心：《上海赋・只认衣衫不识人》，载《哥伦比亚的倒
　　影》，广西师范大学出版社，2006，第 165 页。

第一章　旗袍的历史

一文中指出："中国女子装饰的发源地，当然要推上海了，因为上海是个通商码头，最容易吸收外来的新潮流，将它融化了变成一种东方的新格局；所以上海的装饰，几乎时时刻刻变，几天便是一个新花样。"镌冰女士说的外来潮流融化旗袍中，形成另一种东方新潮，说出了旗袍在上海出现和发展的根源。在上海这样的大都市，它敞开怀抱，容纳任何新生事物的存在。东西文化的交融得到了生根和发展的机遇。旗袍从一开始，就带有西方服饰文化的影子。一九三七年，昌炎曾撰文说："什么是旗袍，可说是民国纪元后适合新时代中华女子经变演出来的一种新产物。也可以说是中国女子仿制以前清旗女衣着式样的一件曾经改制的外衣。""变演出来的一种新产物""仿制""曾经改制"，昌炎先生界定了旗袍发展的历史性质与关系。

一九四〇年，《良友》杂志刊载《旗袍的旋律》专版，图文并茂，描绘一九二五年至一九三九年间旗袍的款式变化，概述旗袍出现的过程。《旗袍的旋律》一文，对旗袍有了明确定

位："'旗袍'这两个字虽然指的是清朝女子的服装，但从北伐革命后开始风行的旗袍，早已脱离了清朝服装的桎梏，而逐渐模仿了西洋女装的式样，成为现代中国女子的标准服饰了。"这篇文章表明作者的学术态度，作者指出旗袍产生和流行的过程中，满族袍服影响不大，西方服饰文化的影响是主要因素之一。

从这些图片可以判断，它的结构形制延续过去的"十字形平面结构"，侧身曲线和腰身变化是时代性的发展潮流，也是过渡旗袍的标志。一九三七年前后，北京和东北地区的妇女，使用绸、缎等材料制作的旗袍，与民国《服制条例》中所述的"女子礼服——衣"同款样式的服装称为旗袍。为什么这种变化后的服装命名为"旗袍"？旗袍出现于中华民国时期，一九二九年，被确定为国家礼服之一。最早的雏形，可以追溯到明朝中期的满族人服饰。因为满族被称为"旗人"，故将此服装形式称为"旗袍"。

从此推断旗袍的称谓，源起于民间，是一种老百姓的通行叫法。《辞海》对旗袍的定义："旗袍原为清满洲旗人妇女所穿的一种服装。……辛亥革命后，汉族妇女也普遍采用。经过不断改进，一般式样为：直领，右开大襟，紧腰身，衣长至膝下，两侧开衩。有长、短袖之分。"这个解释是相当权威的，它和《良友》画报提出的论点不一致，是相反的。

作家程乃珊，土生土长上海人，从小就见惯身着旗袍的女性，一派典雅端庄的形象。她长大成人之后，由于时代的原因，那种具有含蓄之美的旗袍在生活中已经看不见了，但仍然抹不去旗袍在她脑海中的印象。在她的作品中，经常写到熟悉的上海女性，也就少不了旗袍。作家程乃珊经过田野调查，写出百年旗袍的踪迹史，她在文章中说道：

要说上海女人的经典形象，十有八九总脱离不了斜襟上插着一块麻纱绢头、手执一把檀香扇的旗袍女士。近百年来，不论在战火的硝烟之中，还是黑白颠倒的乱世，直到今天，上海女人都是这样，在历史板块的碰撞下，在传统与现代间、东方与西方间、约束与开放间、规范与出位间，承载着历史的沧桑和现代的亮点，婉转而行，迂回展步……那婀娜的旗袍身影，弥漫着浓郁的上海百年风情，成为注入西方元素的东方文化最感性的写照。

遗憾的是作为上海女人经典形象的旗袍女士，在现实中，却是少之又少。

都讲上海人什么都敢穿：吊带裙、露脐装、热裤、超短裙……偏就是满街罕见旗袍身影。

上海女人天生是应该穿旗袍的。

上海女人白皙细腻的皮肤，相对高头大马的洋妇要娇小玲珑、凹凸有致的身形，天生就是应该穿旗袍的。旗袍看似密实，其实最是性感。含蓄之中流闪着几丝只有在线装小说绣像插图中的仕女才有的清幽，因而连带旗袍的性感，都是一种恬淡的靓丽。

上海近代旗袍如上海的石库门，其实根本已是西洋化了的，唯有在领口、在门襟、在工艺上留有中国传统女装的精华。旗袍在未传入上海前，只是一件肥大的、没有腰身的、男女装无太大区分的褂子，哪怕再缀上珠片、绣上图案，还是一件与男装无异的褂子，只是尺寸小了一点。进入上海后，上海师傅将西方时装的元素如打褶、收腰、装垫肩等注入进去，一如将欧洲的百叶窗和窗饰注入本地房子的建筑设计而形成上海特色的石库门房子一样。令上海旗袍从此走出传统女装不注重人体线条美的迂腐陈章，从此走入时装的行列。①

旗袍改革过程中，一改传统宽袍大袖的样式，吸取西方的审美情趣，体现女性的曲线美。旗袍在融会中有了继承和发展，既不保守旧式旗袍的严谨，也不一味地模仿西方的服饰。采取西式立体裁剪方法，收束腰身，突出胸和臀，露出

---

① 程乃珊：《旗袍吟》，载《上海》，上海辞书出版社，2006，第78-79页。

大腿部分，又保留传统的工艺，盘扣、镶绲边和立领右衽的装饰手法。旗袍线条流畅，体现女性委婉含蓄的古典美。

近年来，旗袍不仅没有消失，还深受国际时装界的喜爱和尊重，而且变化出无穷的形式。旗袍融入现代元素，使装饰工艺光辉灿烂，突破旗袍原有的模式，放射出时代的创新精神，赋予新的活力、新的观念，抒发新的情怀，展现东方的神韵美。

很多明星穿旗袍展现自己美好的形象。时装界T形舞台上的表演，中国模特参加的比赛，都有旗袍礼服的影子。国际影星出席国际影展，也经常穿着旗袍式的礼服。

二〇〇四年，雅典奥运会闭幕式上，中国是下一届举办国，按照以往的惯例，要表演一个具有国家特色的节目。十四名女孩身穿牡丹花图案的传统短旗袍，用民族乐器琵琶、二胡，演奏了一首中国乐曲《茉莉花》。

二〇〇八年，在北京奥运会上，礼仪小姐身着传统礼服，既有时代气息，又有中国传统文化元素，两种元素互相配合，绝美无比。它体现的不仅是奥运精神，也是中国传统服饰向世界的展示。旗袍不仅深受国人喜爱，更能衬托中国女性的身材和气质。

第二章

旗袍的美韵

旗袍的襟

　　服饰是人类文明与进步的象征，对一个民族来说，它反映人民的生活水平、思想意识和审美观念的变化。对于现代社会来说，服饰不仅是装饰自己，还是一种身份象征，是个人魅力的体现。

　　中国的传统袍服，从商周时期就使用开襟的样式。旗袍款式的变化，主要体现在襟形、袖式和领型的变化。

　　旗袍的黄金时代是二十世纪二十年代和四十年代。旗袍的造型纤长，与欧洲流行的女装形式相符合。旗袍以开放的姿势跳出传统旗袍模式，是中西合璧的新时装。西化元素的进入，使旗袍在领口、袖口融入西式处理方法，荷叶领、西式翻领、荷叶袖，或用左右开襟的双襟。旗袍不是遵循的程式，这些大胆改革应用虽不广泛，却传达出人们思想上的自由度。

如意襟袍旗

如意，又称握君、执友、谈柄，由古代的笏和搔杖演变而来，类似于北斗七星的形状。魏晋南北朝时期，如意的形制，柄首呈屈曲手掌式；唐代变化为柄身扁平，顶端弯折处形成颈部，柄首造型为三瓣卷云式。明清两代，如意发展到鼎盛时期，珍贵的材质，还有精巧的工艺，使其广为流行。灵芝造型的如意，被人们视为驱逐邪恶的吉祥物，是祈福禳安，带有美好祝愿的贵重礼品。大臣们敬献如意祝贺皇室寿辰，皇族有时拿如意赏赐大臣，如意变成权力和财富的象征。明末时期，如意走下神坛，成为文人墨客玩赏的物件。

《清朝野史大观》卷一记载："如意，物名也，唐宋前已有之。"康熙年间，如意成为皇宫里的玩物，宝座旁、寝殿中都摆有如意，以讨吉祥。如意头部为灵芝形或云形，柄微曲，它是象征吉祥的符号。

如意襟旗袍，通过镶滚的方式，把如意装点

在旗袍上。如意摆在肩头，顺着衣襟做，还有的在裙摆开衩的位置上，镶滚如意云头。

大圆襟旗袍

圆是一种几何图形，显示中国古典美的韵律，线条圆顺流畅，是旗袍常见的开襟方式。著名美学家、教育家，和谐美学学派创始人周来祥指出：

> 所谓古典和谐美的艺术，就是依照这种朴素辩证的和谐处理的方式，把艺术中主观与客观，再现与表现，现实与理想，情感与理智，典型与意境，时间与空间，内容与形式，以及构成形式的诸因素，看作既相互区别、对立，又相互联系、相互渗透、相辅相成的，并把它们巧妙地组成为一个均衡、稳定、有序的统一整体。①

大圆襟旗袍，线条圆顺流畅，它与材料、图

① 周来祥：《论中国古典美学》，齐鲁书社，1987，第82页。

案和款式渗透，突出女性婉约沉静的气质。

大圆襟旗袍是大众化的样式，适合各种脸型的女性，十分流行。

中长襟旗袍

从领口斜划出曲线弧形，避开胸部，延伸至腰部，这条线上配以一排不对称的花扣，有树枝扣、凤凰扣、菊花扣、蜜蜂扣、蝴蝶扣等。从订制人选择的盘扣中，追寻情感的踪迹。

直襟旗袍

穿直襟旗袍，使身材显得修长，这种款式适合圆脸型、身材丰满的女性。个子比较娇小的女性，可以穿开襟的旗袍。中年女性一般喜欢的款式是直襟旗袍，一排盘扣具有较强的装饰性。

方襟旗袍

方襟代表着方正，含蓄内敛，变化多端。将襟部大胆改革，适合不同脸型的女性。方襟的特点是方中带圆，设计理念受古典文化的影响，取自"上善若水任方圆"。圆滑和棱角，两种不同的性格参半，温和中渗出凌厉感。脸部偏瘦的女性穿方襟旗袍，有修饰脸部线条的作用。

双襟旗袍

双襟是对称的美感，端庄大方，适合中老年女性。双襟旗袍做工明显要比单襟复杂，它在旗袍上开两边的襟，把其中一个襟缝合，缝上的襟只作为装饰。双襟与单襟旗袍相似，但在视觉效果上，双襟旗袍更为美观和高贵。

清代服装中的双襟，就已经在服袍、马甲、马褂、长袄中应用。双襟在旗袍上的出现，在二十世纪四五十年代。那个时期的旗袍趋于简洁，装饰的部分不多，门襟设计逐渐丰富且时尚。

一字双襟旗袍

在旗袍发展史上，二十世纪三十年代的海派改良旗袍中，华旦妮的一字双襟旗袍是当时最为时髦的旗袍之一。

华旦妮是电影导演史东山的夫人，她凭借自己的天赋，和对时尚的喜爱，设计出一些富有时代特点的产品。一九二八年，在上海静安寺路二八八号创办美美公司，专营女性服装、饰品及手袋。华旦妮穿的时装，大多是其亲自设计制作的。一字双襟旗袍，深受影艺界明星、上海名媛青睐。

一字双襟旗袍的襟领处，有一字形双襟为标识。那它为什么引领上海时装的新潮流呢？

一字双襟旗袍，在继承旗袍原形的基础上，将长袍直身形改良成弧身形，旗袍穿起来合体，显示女性曲线之美。

一字双襟旗袍款式有长袖、中袖、短袖和无袖，也出现西式蝶翼形，并且带花边的装袖。领子发生变化，从圆弧形状改良为小方形，好似中山装一样的立领，又出现了新款西式小翻领。在制作工艺上，没有停留在传统技术上，一字双襟旗袍随着时代发展，减去烦琐的盘扣，而采用有机扣、搭扣和封紧扣。

华旦妮一字双襟旗袍，采用西方进口面料，走出传统范围。它选用流行面料，如乔其纱、弹力绒、绡和丝绒织物，乔其纱占大部分。华旦妮所创的一字双襟旗袍，融会中西时装特色。它不仅是一个服装品牌，更是民国时期经典的文化符号。一字襟旗袍大多数为双开襟，给人以沉稳、端庄的感觉。

斜襟旗袍

斜是指不正，跟平面或直线既不平行也不垂直。这个"斜"字用在旗袍上，有着特殊的美。一条曲线在胸前斜着划过，它不仅起装饰作用，也方便实用。设计者在纸上勾画方案时，借鉴和融会古人和现代人衣着的特点，生发出新的样式。女性穿上旗袍，既有古典韵味，又有现代时尚。过去的斜襟经常配衬大花扣，现在改用细的花纽。

曲襟旗袍

"九翘三弯"，一语表现旗袍轮廓，旗袍款型在于领、袖、襟、盘扣、图案、绲边的搭配变化。襟的使用有着鲜明的服饰特色。曲襟开口较大，容易穿。法国艺术史学家福永西在艺术论中指出：

> 形式不是简单的外形和轮廓，而是活生生的形态，处于不断运动与变形之中，从而将变化的、运动的概念引入形

式分析。进而他将造型艺术的形式与图像和符号区分开来，揭示了它们的内在逻辑，考察了形式变形的基本原理、风格的基本原理以及这两者之间的关系。[①]

形式和内容紧密相连，不可以分开，形式即内容，内容即形式。外形是有生命的，不单单是为了轮廓，在曲线变化中，表达着内在情感。

中长襟，从领口斜划出弧形，向一侧延伸，蜿蜒至腰部，形状似"S"，避开胸部，身侧的一面，配以一排不对称的花扣作装饰。稍把弧度调整，就会增添端庄的感觉。

琵琶襟，琵琶是古代乐器，被视为吉祥的象征。琵琶襟适合尖脸、尖下巴的女性。现代的清宫剧，琵琶襟旗袍的样式最多，外面套着短马褂的大多是琵琶襟。琵琶襟，取代便服前襟样式，大襟掩至胸前，不到腋下，纽扣自大襟领口到立边下方排列较密。

---

① 福永西：《形式的生命》，北京大学出版社，2011，第10页。

　　清代满族女性所穿旗装和长袍外面，经常罩上马甲。这种马甲，称为背心、坎肩或半臂。清代男性服装有袍服、褂、袄、衫、裤，其袍褂是礼服。有一种行褂长不过腰际，袖遮掩肘部，短衣和短袖，便于骑马活动，叫作马褂。马褂袖子宽大平直。颜色除黄色外，大多以天青色或元青色作礼服，深红、浅绿、酱紫、深蓝和深灰为常服。马褂的形制分别是对襟、大襟和琵琶襟。对襟马褂多是礼服，大襟马褂作为日常的便服，一般穿袍服外面。琵琶襟马褂多作为行装。

　　双圆襟，不同于大圆襟的圆熟稳重。圆襟造型简单，通过滚、镶、嵌的工艺手法，搭配不同颜色布条，形成不一样的效果。

　　旗袍将中国服饰的雅韵发挥到极致，款式繁多的旗袍，既有袖、襟、领、扣的变化，也有材质、颜色、图案的区分。

旗袍的领形

　　领子是旗袍的灵魂，在传统旗袍当中，领子设计的效果影响到旗袍气质。设计师的眼界相当重要，他的思想、情感融入服饰，影响着旗袍的设计效果。领子的细节，彰显做工的用心，传统纯手工制作的旗袍，融入更多人的情感，领子做工与人体贴合完美，给旗袍增添唯美气质。

　　立领，又叫上海领，是旗袍中最常用的领型。立领做工不复杂，不挑脸型，所以大多数旗袍选择经典立领。旗袍立领除了美之外，还需要考虑不同季节。它选用的面料，需把旗袍高雅、端庄的效果烘托得淋漓尽致。

　　古代立领不仅是服饰的样子，也是身份、

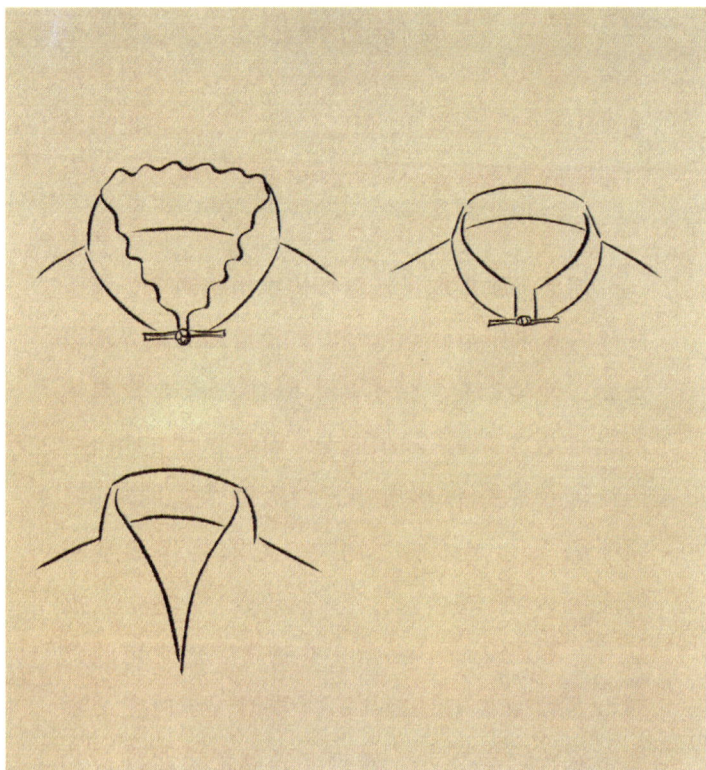

地位的象征。地位越高和身份越尊贵的人，领子越高。立领的原形可追溯到明朝中期的明立领，到了明朝后期，在中原和江南流行。满族入关后，在"男从女不从"的服制规定下，汉族妇女沿袭明式立领袄和褶子。清朝中期，明式立领进一步演化，方领变成弧形领，融会满族服饰的要素。民国时期，立领演变成为中山服和旗袍的构成要素。

清初满族旗袍是圆领，清中期出现小立领。十九世纪后期，汉族女性的服饰出现元宝领；二十世纪二十年代，汉族女性服饰开始有了立领。三十年代中期，立领使用到了极致，大多女性认为，领子高是时髦。为了跟上时代潮流，使脖子显得修长，纽扣的排数，从一排升级到后来的四排，甚至五排，高领子塑造出脖子的完美曲线。

一九三六年，时尚风转向，这和实用有关。女性长时间穿旗袍，由于高立领的束缚，人是不舒服的。夏天的时候，一些人解开纽扣，领子翻下来，于是出现翻领旗袍。门襟盘扣上发生微妙的变化，纽扣相应地减少。领口采用琵琶扣，或者其他的花式盘扣，只有一排。

二十世纪四十年代，旗袍领子更加简洁，花式盘扣越来越少，领子缩短至原来的一半，一字领又重新出现。四十年代中期，领子高度达到最低点，不足一寸，像无领一样。至四十年代末期，领子又有了回升，还是不足两寸。

元宝领。元宝是财富的象征，设计师为旗袍领子取这样的名字，一是它的形状与元宝相似，二来也图个吉祥如意。

穿元宝领的旗袍时，需要抬高下巴、挺直脖颈，显出端庄仪态。最早的清朝满族女性旗袍，分单、夹、衬绒和丝棉袍。旗袍腰身宽松、平直，袖口宽大，衣长至脚踝。清朝后期，元宝领普遍，领高盖住脸颊，可以碰到耳部。作家张爱玲穿过这种样式的旗袍，她深有感慨地说：

　　一九三〇年，袖长及肘，衣领又高了起来。往年的元宝领的优点在它的适宜的角度，斜斜地切过两腮，不是瓜子脸也变了瓜子脸，这一次的高领却是圆筒式的，紧抵着下颌，肌肉尚未松弛的姑娘们也生了双下巴。这种衣领根本不可恕。可是它象征了十年前那种理智化的淫逸的空气——直挺挺的衣领远远隔开了女神似的头与下面的丰柔的肉身。这儿有讽刺，有绝望后的狂笑。

当时欧美流行着的双排纽扣的军人式的外套正和中国人凄厉的心情一拍即合。然而恪守中庸之道的中国女人在那雄赳赳的大衣底下穿着拂地的丝绒长袍，袍衩开到大腿上，露出同样质料的长裤子，裤脚上闪着银色花边。衣服的主人翁也是这样的奇异的配搭，表面上无不激烈地唱高调，骨子里还是唯物主义者。①

霸道的元宝领，强迫女性伸长脖子，造型过于夸张。民国初期，旗袍在款式上进行了简化，袖子收紧并缩短，露出手腕，袍身长度缩短至脚

① 张爱玲：《更衣记》，载《长衫旗袍里的民国》，中央广播电视大学出版社，2014，第20页。

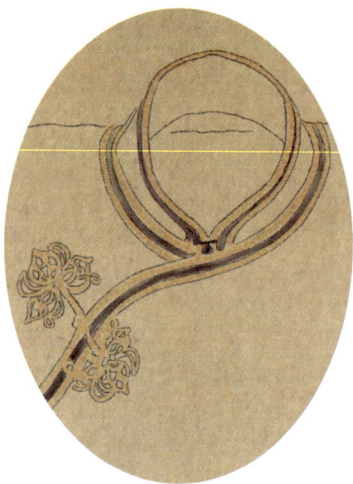

踝处，元宝领广泛应用。

波浪领风格活泼，适合年轻女性。

方领领角与领口的弧度，方中有圆，方正的领角，有点类似中山装的小立领。风格严谨，领口夹入深色的嵌条，十分精巧细致。

方领旗袍宛若一把折扇，绘有充满诗情的水墨画，这是一款不分年龄，又显得高雅的领型。

水滴领是领口处挖出水滴的形状，人们将此样式称为水滴领，犹如一滴水在肌肤上滚动，给人无限遐想。水滴领造型先锋超前，颇具现代性，适合改良旗袍礼服使用。水滴领是各种选美比赛喜爱的样式，恰到好处的裸露，好似为性感妩媚的旗袍打开一扇窗。

V字领具有线条的美感，V领属于很有设计感的一款领型，能突显气质，多用于时装。这种领子有时候与衣片不分割开，所以也叫连体立领。领口的两条细线就是设计师收去多余的东西，从而达到贴合脖颈的效果。V领可以拉长颈部线条，展露锁骨的精致曲线，修饰颈部曲线，简约中透出知性美，穿着舒适大方。

旗袍的盘扣

　　盘扣，也称为盘纽，或者纽结、纽袢。张渭源、王传铭在《服饰词典》中对盘扣的定义为："一边为环圈，另一边为中国结编的纽扣组合而成的扣合件。用同料的布条缝成带子后绕成，或用不同料布条制成作为反衬，在两边固定处也可编饰成各种图纹，更富有装饰性和民族风味。"①盘扣是传统服装中使用的纽扣，用来固定衣襟或装饰。盘花扣是古老中国结的一种。不大的盘扣，每一处细节都展现着古典美。盘扣是人们对美好的向往，寄托着人们的许多愿望。编织者坐

---

① 张渭源、王传铭：《服饰词典》，中国纺织出版社，2011，第 12 页。

在树下，听着林间传来的鸟儿啼叫，手中的绳编出树枝扣、蝴蝶扣、蜻蜓扣、菊花扣、梅花扣。每种事物都有复杂性，看似简单的绳，在人的手中发生神奇的变化。它们如果是一个词，剖析解开，会发现很多秘密。它是一代代人摸索出来的经验，绳子、情感和想象搭配，创造出美好的形象。每一根绳的"习性"独特，编织者通过他的操作，赋予绳子新的意义。

旗袍之美，传神绝妙之处在盘扣。手工盘扣，融入情感，带着身体温度，寄托美好向往。盘扣是古老的中国结，自汉代已经出现，它是盘、缝、包、缠多种工艺结合配色、技巧于一身的扣子。盘扣不仅使用在衣服上，也成为一种传统文化符号。盘扣代表美好吉祥，每一种盘扣都有一个表现其特征的名字。

> 吴山在《中国历代服装、染织、刺绣辞典》中对盘花纽解释为：是我国特有的传统纽扣形式。用色彩鲜艳的绸料缝成纽袢条后（中间要嵌一根细铜丝，使纽袢条富有弹性），可以任意盘

燕子扣

曲成各种花卉、鸟蝶图案，有的还可盘曲成镶色或实心（即用绸料包裹棉花后嵌填在空格中）、空芯的盘花组。朱天明、朱跃岗的《盘花组扣的设计制作与应用》中是这样描述盘扣的：盘花组扣的整体结构是由扣结、扣门、扣颈和盘花组成，扣结和扣门系在一起，发挥其功能性和装饰性的作用。基于以上文献，再结合对盘扣实物的分析，本文中的盘扣（盘花组扣）指用布料做成的中国传统特色组扣，由扣结、扣门、扣颈和盘花组成，扣结和扣门系在一起起固定作用，盘花可以设计盘曲成各种图案造型，整个盘扣用来固定衣襟并作装饰用。①

盘扣分列两端，有对称的和不对称的。在中国服饰的演化中不断改变，盘扣有连接衣襟的功

---

① 茅惠伟：《盘扣的装饰研究》，《浙江纺织服装职业技术学院学报》，2015 年第 2 期。

能，更能表现装饰的意蕴、内涵和主题。

　　盘扣的成型运用，与满族的风俗习惯分不开，与旗袍密不可分。由于清时的服装以袍、褂、衫、裤为主，改宽衣大袖为窄袖筒身，衣襟以纽扣系之，取代明朝汉族惯用的绸带，盘扣随着服装发展兴起。

　　盘扣作为传统的服饰工艺，种类很多，缀在不同款式的旗袍上，传达出服饰的气质。盘扣是古老的手工艺，它显示着设计者的情感和智慧，以及审美标准。盘扣寓意美好吉祥。一件旗袍配上漂亮的盘扣，典雅庄重，又不失韵致。

一字扣

　　一字扣，也称直盘扣，是最简单的盘扣，左右成一对，用一根袢条编结成球状的扣坨，另一根对折成扣带。扣坨和扣带缝在衣襟两侧并相对，体现对称之美。古人做事情追求圆满，喜爱对称之美。简单的圆形扣，暗示对生活圆满的期盼和祝福。当时的服装面料主要是棉、麻、丝绸等，盘扣所使用的材质与服装材质相符，大多数采用制作服装剩余的边角料进行编织。

花蕾扣

　　花蕾扣与别的扣子不同，它是最美的形态。小小扣子意蕴深藏，凝聚百姓智慧，传承历史文化韵味。盘扣的设计，不受具象的约束，在对比中发生变化。盘扣造型是左右对称，符合中国传统文化中对偶、对称的特点。

三耳扣

　　每一个盘扣都带有时代色彩，从色彩、图案到材质的应用，表露出历史的痕迹。早期的盘扣简单，种类有限，只有圆形扣和带形扣两种。三耳扣属于几何扣，以追求表现形式的抽象概念为主，发挥设计者的想象力。

青蛙扣

　　传统盘扣的样式，多以花、虫、鸟、兽作为主题，运用弧线、折角的手法，体现柔和的线条、生动的纹样。传统的盘扣，多采用绚丽的色彩，为盘扣增添文化内涵和韵味，追求传统审美原则。

树枝扣

树枝是指从树的主干或大枝上生长出的枝条，显现女性此时的心情，或在伤感中，或在失落中，把它作为旗袍盘扣，每天摸上去的时候，有一种说不出的情感。

凤凰扣

　　凤凰，又叫凤皇，古代传说中百鸟之王。雄为凤，雌为凰，人们习惯把它们合在一起，称为凤凰。《山海经》中记载：

　　　　丹穴之山，其上多金玉。丹水出焉，而南
　　流注于渤海。有鸟焉，其状如鸡，五采而文，
　　名曰凤皇，首文曰德，翼文曰义，背文曰礼，
　　膺文曰仁，腹文曰信。是鸟也，饮食自然，自
　　歌自舞，见则天下安宁。①

　　凤凰齐飞是吉祥和谐的象征，自古以来，就是中国文化的重要元素。

---

① 袁珂译：《山海经译注》，华东师范大学出版社，2017，
　　第 6 页。

菊花扣

　　菊花品种繁多，色泽艳丽，花形多变。菊花高洁，傲霜独立，人们用它比喻品德高，深受文人的喜爱，被誉为四君子之一。屈原以"朝饮木兰之坠露兮，夕餐秋菊之落英"的名句，歌颂菊花的高贵品质。

蝴蝶扣

　　胡适是新文化运动的领袖之一，他对自己爱情生活的一声叹息，写出一首《蝴蝶》：

　　　　两个黄蝴蝶，双双飞上天。

　　　　不知为什么，一个忽飞还。

　　　　剩下那一个，孤单怪可怜。

　　　　也无心上天，天上太孤单。

　　蝴蝶扣不仅作为装饰，它还是一个人性情的流露和生存状态的表现。蝴蝶飞舞于百花丛中，它与鲜花的组合受到人们的喜爱。蝴蝶与"福"字谐音，希望生活美满幸福，寓意爱情美好。

旗袍图案

　　旗袍上的图案不是填空，它是时尚的风向标。清朝末年的旗袍图案，以团花、般肠、万字、水纹为主，寓意美满称心。中国传统吉祥纹样，常有孩童手持如意，在大象背上戏玩，或象背上驮一宝瓶，瓶中插戟或如意。

　　二十世纪二十年代的旗袍领、袖和襟，层次密集，体现着花边装饰美。三十年代以后，旗袍图案丰富，受西方文化的影响非常大，流行过象条格纹和碎花纹。

　　旗袍在漫长的时间里，经过数百年演变，图案越来越受重视，强调装饰的时尚性。面料自身带的图案，镶嵌的图案，或从其他面料剪裁的图案等，想尽办法用图案点缀旗袍。一款旗袍如果缺少图案，穿在女性身上就会显得呆板。每一种图案意义不同，情感不一样，呈现多种风格。

传统织锦缎面料，大多是大圆的图案和团花图案，制作者不能随意裁剪，必须利用自身的图案，合理安排位置。素色面料，在装饰图案时重点关照，用好了更加传神有力，弄不好，不但无益，反而弄巧成拙。在做这类旗袍时，要清楚这是什么风格的旗袍，款式上要有变化，在哪些部位装饰图案才能达到点明实质，使内容生动有力。明确位置之后，设想采取装饰图案的形式，或拼接异色，或刺绣图案，或镶嵌图案。不管旗袍风格怎么变化，式样如何翻新，纹样都逃不过中国传统纹样、西式纹样这两种。

中国传统纹样是一个绚烂的宝库，非常丰富。其中有吉祥图案，吉祥就是好运的征兆。在旗袍上使用吉祥的图案讨个好兆头，图个美好愿望。图案元素以植物、动物和文字为主题，通过它们所包含的文化象征意义，表达美好的含意。团花纹、百结纹、祥云纹等传统纹样，以某种方式组合形成的几何图案，具有深远的美好寓意，也有装饰效果。

旗袍的材质发生变化，不再限于传统布料。西方纺织品进入中国市场，纺织品的纹样受西方艺术影响，人们的审美标准也随之改变。旗袍对西方的流行服饰产生冲击，在借鉴和融合过程中逐渐加深，图案自然亦是如此。

锦鸡牡丹纹：锦鸡，又称为金鸡，因为一身的羽毛得此名。古人把锦鸡与牡丹花组合在一起，称"锦鸡牡丹图"。又把此图案转化为吉祥纹，用于建筑装饰、瓷器以及旗袍。锦鸡是高贵、华丽的象征，牡丹寓意富贵荣华。

蝴蝶纹：蝴蝶围绕花朵飞舞，颜色对比强烈，用色大胆，均匀而有效果。盛范颐生于上海静安寺路盛家老公馆，是晚清洋务重臣盛宣怀的亲侄女，汉冶萍公司部门经理盛善怀的小女儿，北洋政府国务总理孙宝琦的四儿媳，苏州拙政园张家的外孙女。盛范颐穿过一款旗袍，清新淡雅的绿色真丝布料，立领，斜襟，蝴蝶型盘扣，绣有活泼生动的蝴蝶，给旗袍增添了几分活力。

电影明星胡蝶喜欢穿短旗袍，旗袍的下摆缀有蝴蝶褶衣边，短袖口上缀有蝴蝶褶。旗袍的长度短至膝盖下，袖子缩短肘上，小腿和小臂暴露无遗。她穿的旗袍，被称为"胡蝶旗袍"。

如意云头纹：清代旗袍上经常可以见到如意云头纹，它以领口条形绲边毕梢。云头纹从领口条形绲边开始，顺延至腋下，流畅的直线与弯曲的点的结合，再以云头纹终结，极富韵律美。如意云头纹是极具中国文化特色的吉祥图案，寓意吉祥如意。

五福（蝠）捧寿团花纹：在中国传统文化中，追求"图必有意，意必吉祥"。蝙蝠纹样和现实中的形象不一样，是被寓意为吉祥的纹样。五只蝙蝠与寿元素，如寿字纹、寿桃纹、寿仙纹构成的"五蝠捧寿"纹样，是常见的吉祥纹样。主要运用谐音、象征、寓意等手法。

蝙蝠不具备美丽的外形，将蝙蝠纹赋予吉祥含义，主要是因为"蝠"与"福"音同。倒挂树枝是蝙蝠的习性，人们把谐音赋予"福到"的含义，因此成为民俗符号。

凤穿牡丹纹：凤为鸟中之王，牡丹为花中之王，两王组合在一起，寓意富贵，象征着美好、光明和幸福。百姓经常把凤凰和牡丹作为主题纹样，称为凤穿牡丹、凤喜牡丹、牡丹引凤，寄托美好、富贵的愿望。

园林山水纹：山水纹样的旗袍，一般很少有，这是具有个性的纹样制式。山水纹饰是指题材，如山水乡居、田园风光、亭台楼阁。图纹形简而意丰，既欣赏山水，也相依山水。

喜鹊报春团花纹：喜鹊自古以来就深受百姓喜爱，是好运与福气的象征，象征喜事临头。

松鹤延年纹：松树寓意长寿，鹤是高洁的象征，两个仙物结合，寓意如松鹤般高洁和长寿。这个图案的旗袍，最好是橘黄色织锦缎，上面绣上黑白仙鹤图案，仙鹤形象生动，在松林间自由飞翔。

喜上梅梢纹：梅花是中国的传统名花，寓意高洁。梅花有五瓣，借此象征五福捧寿。喜鹊在梅梢嬉戏，谐音寓意喜上眉梢。

鸳鸯荷塘纹：鸳鸯的特性是"止则相耦，飞则成双"，自古以来，鸳鸯就被当作爱情的象征，寓意夫妻忠贞不渝，永不分离。此图案绣在旗袍上，衬着殷红的底子，两只鸳鸯悠闲地嬉戏，相互凝望，温情脉脉。

有很多关于鸳鸯的词语表达美好的愿望，如

鸳侣、鸳盟、鸳衾、鸳鸯枕、鸳鸯剑等。鸳鸯戏水更是民间常见的年画题材，历代流传着不少以此为题材的传说。

丹凤朝阳纹：凤是百鸟之王，是富贵吉祥的象征。古代丹凤纹是贵族妇女专用，后来变为婚庆时新娘服装的纹样。

菊花纹：菊花在古代又名节华、更生、朱赢、金蕊、周盈、延年、阴成。《山海经·中山经》："岷山之首曰女儿之山，其草多鹅。"菊花是长寿之花，古人认为菊花能轻身益气。菊花还被看作隐逸者，人们赞它"风劲香逾远，天寒色更鲜"。因此，被人们喻为君子，也有安居乐业之意。

兰花纹：兰花纹是传统纹样，古人以幽谷兰喻隐逸君子。兰花是中国传统的名花，幽香清远，一枝兰花在室内，则满屋弥漫香气。古人赞曰："兰之香，盖一国"，所以有国香的叫法。

兰花和牡丹的品格截然不同，是幽雅的象征。因为兰花是常生于幽谷的。文人称它具有"孤芳独赏"的美德，它从不取媚于人，也不愿移居城市之中，而即使移植了，灌溉看顾也须特别当心，否则便立刻枯死。所以中国书中常称深闺的美女和隐居山僻不求名利的高人为"空谷幽兰"。兰花的香味是如此的文静，它不求取悦于人，但能领略的人就知道它的香味是何等高洁啊！这使它成为不求斗于世的高人和真正友谊的象征。有一本古书上说："入芝兰之室，久而不闻其香"，就因为人的鼻子已充满了花香了。依李笠翁的说法，兰花不宜于遍置各处，而只宜限于一室，方能于进出之时欣赏其幽香。①

气清、色清、神清、韵清，兰花以它特有的"四清"，塑造清雅的形象。从古至今，它被喻为花中君子。文人骚客把诗文称为兰章，把友谊称为兰交，结下的好友叫兰客。

---

① 林语堂:《生活的艺术》，中国戏剧出版社，1991，第272页。

竹叶纹：竹子不似牡丹的富丽，松柏的伟岸，它文雅的特征，高风亮节的品格，让人们称颂。竹子朴实无华，不讲究环境，不炫耀自己。文人墨客喜欢竹的品质，将其视为贤人、君子，做人要像竹子那样正直，品格高尚，有坚贞的节操。

竹子谐音"祝"，寓意美好的祝福。在我国传统文化中，松、竹、梅被誉为"岁寒三友"，梅、兰、竹、菊被称为"四君子"。

第三章

名人与旗袍

末代皇后婉容

一

婉容穿着满族旗袍，梳起两把头，发髻上缀满花，旗袍上一朵牡丹在中间。牡丹被称为"百花之王"，蕴含圆满、浓情和雍容华贵之意，昭示仪态万千，国色天香，端庄秀雅。旗袍右下侧有朵菊花，菊花象征长久，也用来寓意长寿。这两种花是旗袍的主题，传达出吉祥和富贵。末代皇后婉容，穿上喜爱的旗袍，面对相机镜头，瞬间的一闪，留下历史的见证，切下完整的时间，凝固不可移动。

每一张照片都是重要时刻，能从中发现很多秘密。我们反复观看婉容穿着满族旗袍的照片，走进那个年代。

清光绪三十二年九月二十九日（1906年11月13日），婉容出生于北京地安门外帽儿胡同十二号荣府大院。婉容这个名字是祖父所起，意思是脱凡避俗，荷花一般。婉容，字慕鸿，别号植莲。

婉容从小大门不出，二门不进，平时不能乱说乱动。她对自己要求严格，说话文雅，姿态讲究，办事谨慎。辛亥革命以后，一九一三年，她父亲荣源带一家人移居天津伦敦路上一座西式的灰白色小洋楼内，婉容住在一间长方形房间里。

一九二二年十二月一日，爱新觉罗·溥仪与婉容举行了结婚大典。

从这一刻起，婉容的少女生活结束了，出了长方形房间，走进红墙黄瓦的宫里。宫里不同于婉容在天津住的小洋楼。天津的房间不算宽敞，但是不受管束。故宫周围环绕高十二米的宫墙，墙外有五十二米宽的护城河，戒备严密。金碧辉煌的屋顶，朱红的木廊柱，汉白玉的台阶，石料上雕刻着海浪、流云和盘舞的巨龙。"日升月恒"匾额下那张大床上挂着龙凤呈祥的刺绣大红幔帐，床上摆着一对喜庆的枕头，等待新人到来。

溥仪却一声不响地离开了。在大喜的日子，十七岁的婉容独自蜷缩双腿，守着空大的床，度过难以忘却的洞房之夜。

一九二二年十二月三日，大婚进入第三天，举行了非正式外国人招待会，婉容出席了。出席招待会的外国人，大多是各国政府派往中华民国的正式使节，只好以私人身份进宫签到。耆龄是总管内务府大臣，在当天的日记中写道："入直。午初，上升乾清宫西暖阁，同后见外交团，到者男女约二百人。"当时英、美等国报纸上，对于这个活动花费了大版面，做足了追踪报道。这样的宣传，可谓空前。

婉容穿着黄缎织锦的满族旗袍，梳的是两把头，发髻上缀满绒花，高贵典雅。细挑的身材，被服饰衬托得格外优美，就连见多识广的外国使节夫人们，对眼前婉容的年轻美貌也不住惊叹，赞赏她的高雅仪态。

婉容和溥仪一样，平常爱好画画。她与许多画家有交往，女画家杨令茀，进宫为婉容画过肖像。婉容站在画着山水的屏风前，她头戴凤冠，身穿凤袍，纯粹的旗人装饰，显得端庄美丽。一九八二年秋，在故宫博物院皇极殿西庑公开展览杨令茀女士的画作，其中有一幅婉容的写真画。这幅画与杨令茀女士的其他书画作品一共一百三一件，按照杨女士遗嘱，从美国运回国内，捐赠给祖国。

婉容因为身份原因，不断接到请柬，参加外国人主办的招待会。园中寂寞，人是害怕孤独的，她有时以个人名义，有时与溥仪联名，在张园、静园组织聚会招待朋友。从老照片中找出一张，就能恢复当时的真实情景。背景是张园白色主楼，前面有一座中式八柱亭，亭前有一个水池，不远处有几个石凳和石桌。溥仪身穿长袍马褂，戴着眼镜和瓜皮帽，面无表情。婉容穿着绣花旗袍，外面套红色马甲，高高的发髻上插满珠玉头饰。人们围坐在桌的周围，在张园的庭院中，他们夫妻会见加拿大总督威灵顿和夫人，其中有庄士敦。

婉容在皇宫的日子，注重穿衣打扮，每一次接见外国人，都以与众不同的满族旗袍震惊朝野和媒体。

清代皇后穿吉服时应戴吉服冠。到晚清时皇后穿吉服常用钿子，代替吉服冠。而婉容并没有戴吉服冠，或戴钿子，而是头戴"大拉翅"。

"大拉翅"是在光绪、宣统年间清宫风行的。顶发梳成圆髻，颈后的头发留成"燕尾儿"。另以黑缎、绒或纱制成"头板"，底部以铁丝制成扣碗状，扣于头顶发髻上，并用发丝缠绕固定，头板正中戴彩色大绢花，称"端正花"，并加饰珠、翠、玉簪、步摇和鲜花等，或于两侧缀彩色长丝穗。大拉翅顶端起支撑作用的称扁方，是满族特有的首饰，起到横向连接的作用。扁方质地很多，有金、银、玉、翠、玳瑁、伽楠香、檀香木等。在扁方仅一寸宽的狭面上，能制作出惟妙惟肖的精美图案。"大拉翅"上还要缀以簪、钗、步摇等首饰。这些首饰以点翠累丝制成的华美工艺的草虫、蝙蝠、蜻蜓、蝴蝶；或雕刻成事事如意、佛手灵芝、松竹花鸟、

九子玩花、海屋添筹、麻姑献寿等赋予
吉祥寓意的图案。照片中的婉容戴的耳
坠为左右各一，而并非一耳戴三钳。戴
指约两枚、朝珠一盘，由此看出在配意
上是随意的。①

　　年轻的婉容，由于受中西方文化影响，兴
趣广泛，如果没有嫁给溥仪，也许是另一番人生
景象。现在她的目光只能穿越宫墙，在想象中游
荡。高墙是她一生难以翻过的障碍，既成全她，
也害了她。把遗存下来的照片，一张张排列起
来，形成影像的编年史，从中可以发现一个人的
生命踪迹史。

　　院墙内，婉容身着颜色淡雅的旗袍，手持
一二〇折叠式相机，集中精神，目视取景器，调
整光圈、速度和距离。她要将眼前景物摄入镜
头，凝固进时间里。她的举动早已被皇家摄影师
关注，另一架相机镜头对准她摄下珍贵瞬间。

① 肇文新:《从清代冠服制度看皇后婉容服饰的流变》，
《溥仪研究》，2012 年第 1 期。

一九二二年十二月一日，举行大婚典礼期间，溥仪的英文课伴读溥佳赠送的结婚礼物是一辆自行车。溥佳是溥仪七叔载涛的儿子，与溥仪是堂兄弟。因为赠送自行车，溥佳被宫廷师傅陈宝琛教训一顿，说这么危险的东西呈给皇上，如果出现意外，该如何是好。年轻的溥仪正值贪玩年龄，下令把宫门的门槛一律锯掉，他在太监们的保驾之下，不过几天就学会了骑自行车。婉容学骑自行车，就和溥仪有关。

婉容双手扶把，骑在自行车上，头戴着凤饰，身穿一件旗袍，沿着红色宫墙行驶。从她脸上的神情，看出心情不错，焦虑和忧伤潜伏深处。笑是自然流露出来的，被摄影师瞬间捕捉到了。从宫藏照片中发现，溥仪买了各种款式的自行车，多数是英国三枪牌、法国雁牌、德国蓝牌等名牌货。后来溥仪出宫，在御花园绛雪轩内，发现一辆婉容骑过的坤车。

妻子盼望丈夫守在身边，这是天经地义的事情，况且婉容当时只有十七岁，正是情窦初开的年龄。年轻的身体里涌动着激情，渴望自己爱人的亲热，她每天等待溥仪，却常常等不到。溥仪即使来储秀宫，也不会做出夫妻间的亲近举动，只是做个样子，有时照几张相。

在婉容和溥仪的合影中，有一张照片是她着浅色花旗袍，戴凤饰，左手翘着兰花指，轻托腮，坐在扶手转椅上，旗袍下露出穿着的绣花鞋。溥仪穿白色西装，露着一个光头，右手拿着礼帽，穿一双黑皮鞋。他站在婉容右侧，保持一定距离，左手搭在椅子的扶手上。他们身后是有山水花草的布景。溥仪面无表情的脸上，看不出一丝幸福的感觉，眉下的眼睛，冷傲中透出孤独。婉容的眼睛清澈明亮，流露出哀怨的神情。两人疏离的目光交叉而过，投向不同方向。

一九二四年十一月五日，天气清寒，北方的冬日，人们不愿走出家门。冯玉祥派兵围住紫禁城，并切断其与外界联系的电话线。他手下身兼京畿卫戍司令的鹿钟麟将军，一路闯入宫中，见到溥仪后宣布："三小时内宫中一干人等必须出宫，只能携带本人衣物，不得藏匿细软。上自溥仪，下至杂役，凡违背者严惩不贷。"

风云突变，溥仪不得不在《修正清室优待条件》上签字，从此时起，婉容的清宫生活结束。

二

溥仪在婉容、文绣等人的簇拥下，惊慌失措，行动失常地走出神武门，钻进汽车，逃往醇亲王府。这天的出宫狼狈不堪，除了身上穿的衣裳外，没有带出一点细软。

一九二五年二月二十四日，农历二月二日，民间称为龙抬头的日子。溥仪选择这天秘密坐火车来到天津，住进日租界宫岛街的张园。张园原名"露香园"，是清末湖北提督张彪在天津的花园别墅。

婉容和文绣随后也来到天津，住进张园。该园占地十八亩，园子里花草有序，果木阴匝垂地，它们与假山石、凉亭、水池、阁台和网球场地和谐相映。一所三层洋房突出在中央，楼里各个房间摆设着时尚的外国家具，布置得很豪华。张园布置完以后，婉容和文绣就到了。溥仪和婉容二楼有各自的寝室，文绣在一楼南边的房子里。

有一张老照片，婉容身着春儿裁制的旗袍，传统的款式，肥厚宽大，她站在张园门前石台阶下，神情呆愣。

　　婉容的性格多愁善感，由于一直生活在宫里压抑的气氛中，使她的脾气时好时坏，反复无常。而天津这座新兴的城市，到处呈现出躁动不安的情绪，这使婉容有一种如鱼得水的感觉。在这里，她可以痛痛快快地呼吸，无所顾忌地欢笑，把压抑在心中的郁闷全都释放出来。宫中的那些清规戒律曾经压得她喘不过气来。来到天津后，她一改宫中的装束，换上了时装旗袍和高跟皮鞋，还烫了头发，加上她纤柔秀美的音容笑貌，一时成为租界中的"摩登女性"。①

　　此时的婉容，没有任何约束，想去哪儿就去哪儿。一些欧美记者跟踪报道，记录溥仪和婉容日常生活。他们不必操心国家大事了，只是图眼前高兴，和一般人似的时常溜冰，看跑马，参加

①　周进:《末代皇后的裁缝》，作家出版社，2006，第62页。

跳舞赛，在租界内购物。

婉容爱好文娱，她有音乐教师，还喜欢看戏和听音乐。一九二六年，无线电收音机刚刚流行，溥仪被新玩意吸引，购进一台立式收音机，放在主楼三层上临时建的木板房间内，专门由随侍李国雄负责。每天入夜时分，播音一开始，溥仪和婉容坐在一边，收听播报的新闻、音乐和戏曲，几乎一个节目都不错过。时间长了，新鲜劲儿一过，溥仪来得时间就少了，婉容却是守时，每日准点守在收音机旁。听收音机只是平常小事，但溥仪定下规矩，李国雄在婉容来到之前，要打开收音机，调好频道，音质必须清亮。一切准备就绪，李国雄躲进楼梯间里，坐在楼梯上，等婉容听完广播，然后关机，收拾利索才可以离开。收听期间，婉容觉得声音大，就自己动手调低些，侍从是不能接近主人的。

溥仪经常和婉容去新明戏院看戏，这是当年天津最好的剧场。著名京剧演员余叔岩、杨小楼、梅兰芳、李万春等人，都在这个戏院演出过。婉容的英文教师任萨姆，从字母、单词和文

法教起，使她能够阅读或用英文写信，重要的是
传播西方的生活方式。任萨姆从北京跟到天津，
每月从张园领取七十元现洋的报酬，还在天津英
文文法学校兼课。

在溥仪和婉容的人生中，有两位英籍人士
受到尊重和信任，一是庄士敦，再就是任萨姆。
一九三〇年四月十一日，任萨姆从外地返回天
津，溥仪和婉容当天晚上在静园设宴，为她接风
洗尘。一九三〇年十二月，溥仪又做出决定，让
任萨姆兼任韫和、韫颖的英文教习。

在天津的几年中，婉容熟悉这里的环境，说
话的口音听上去亲切，吃的东西合口。婉容从小
学习英语，她接受西方文化的熏陶比溥仪深厚。
天津的租界生活，和红墙中的大不相同，这里
是开放式的，没有宫院高墙的束缚，合乎婉容心
意。她经常给溥仪写英文的短信，教会他吃西餐。
这期间，对于服饰的要求，婉容更加注重身体曲
线美。

民国初期，旗袍的轮廓变化不大，
线条造型较为平直，但已开始注重女子

的曲线美。溥仪被逐出宫，婉容也结束了紫禁城中的生活，随溥仪迁至天津。在天津初期的生活是她最轻松自在的时光：时局相对平稳，摆脱了宫中的束缚，与溥仪感情和睦，生活无忧。与溥仪在天津的一张合照上的婉容头烫卷发，娇媚温存，身穿收紧腰身的新式旗袍。二十世纪二十至三十年代的旗袍进一步吸收西方彰显女性韵味的特色，造型更紧身修长，宽大的"倒袖"消失了，为了便于行走，两边开高衩，充分显示出女性的曲线美。这种中西并序的设计一方面提高了活动的机能性，另一方面增添了东方女性窈窕的体型美感，亭亭玉立。总体而言，此时的旗袍处于传统与新式旗袍设计的过渡期，仍是继承了大量的传统旗袍的文化特色，表现为衣长及膝，袖长及肘，并不太过暴露。女子着装的一个重要变化是衣领时高时低，高时甚至可以掩住面颊，形同马鞍状，被称为"元宝领"。

清末旗袍本是圆领或低领斜襟，后来受
到男装西式"船领"的影响，被高
领取而代之。①

婉容在天津生活的七年中，大病过三次。她
还患有神经衰弱、见风过敏、经血不调等慢性
病。后来，她又患上眼病，鸦片烟瘾也愈来愈
大。情感的压抑，时局的变化，影子般缠绕、折
磨着婉容年轻的生命，看不见的痛苦，残酷地噬
咬青春的身体。

婉容虽然结婚，却和丈夫没有夫妻生活，更
谈不上相亲相爱。婉容需要过正常的生活，难以
解脱的苦恼，不是物质所能解决的。婉容在煎熬
中度过八年的婚姻生活，她面对丈夫，撕心裂肺
地喊出："如贞我不如放我出家！""为何不令余
死！"两人处在尴尬之中，这样的婚姻名存实亡。

天津的皇宫只是称谓，一栋楼怎么能和紫禁
城相比。后海的荷花，景山的白塔，颐和园的湖

① 张婕、李正：《论"设计美"的要素——以末代皇后婉容
穿着旗袍为例》，《艺术科技》，2016年第2期。

光，都已经成为遥远回忆，故国已是一场零乱不全的梦了。

　　婉容表面悠闲快乐，她内心却积压着苦痛，不能对别人述说。贴身太监孙耀庭回忆，皇后看着漂亮，但脾气不好，虽然皇上经常来婉容房间，但很少在那里过夜，只是说一阵子话，逐渐来的次数见少了。她的脾气变得和以前不同，不太好，时常停下绣着的花，呆愣地坐着，半天不说一句话。每到这个时候，身边的人都小心侍候。

　　婉容出身名门，身材苗条，举止高雅，她还学识广博，多才多艺，而且精通英语，对服装的纹饰有独到见解。她曾经说道："唐代，是中国服饰的巅峰时期，富丽堂皇，雍容典雅，从容飘逸；至清代，纹饰更加繁缛，那些缠枝纹、博古纹纷繁复杂，令人眼花缭乱，手艺虽精，却使人压抑。"

　　黑子，大名叫李春芳，原籍直隶河间府，位于北京通往南方的交通要道上。

　　黑子八岁那年来到北京，他大爷在地安门外后门桥开一家成衣铺，雇的上海的周裁缝。周师傅手艺高超，在京城有一定的名气。他的家人都在苏州，身边只有一个八九岁的袁姓小姑娘。

黑子偶然的机会进入紫禁城，被溥仪钦定为御用裁缝。他进宫时，皇宫已经败落，内务府此时已名存实亡。他干活的地方叫裁缝作坊，离婉容居住的翊坤宫不远。

婉容听说新招了裁缝，很高兴，总管喊黑子时，她说名字别扭。黑子的原名中有春字，婉容说让他以后就叫春儿吧。这样黑子摇身一变，成了宫里的裁缝春儿。

春儿是婉容接触最多的人之一，春儿在婉容的启发和鼓励下，改进满族的旗袍。仲敏在采访《末代皇后的裁缝》的作者周进的报道中写道：

> 记者问周先生，为何这20年来不动笔，直到现在才写出来。周先生来了兴趣，"阅历不一样了啊，你要是真感兴趣，我就给你详细讲讲，我在写书的过程中独家考证出来的故事。旗袍，本是旗人的袍子，清入关的时候，旗袍是肥大的款式，就是在婉容和春儿的共同

改造下，才改成曲线窈窕的新款旗袍，二十世纪三十年代又传至上海，成为经典款式，流行至今。"在书中，关于这段旗袍的"突变史"有着详细的记载。一天，婉容突发奇想，她告诉春儿，满族传统服装最典型的是女人穿的旗袍，但这旗袍有几个缺陷：首先是肥，其次是厚，不能把女性的曲线显露出来。春儿想：女人的魅力究竟在什么地方？他以裁缝的眼光观察，胸和臀是女人最富于魅力的地方。一边想着，春儿的手腕不知不觉地抖了一下，剪出了一条优美的曲线。

婉容穿上这件旗袍以后，在屋里走了几步，曲线动人，异常满意。春儿却发现，婉容的步态有些拘谨。他仔细观察后找到了原因。过去的旗袍开气儿很短，因为下摆宽大，加之妇女均为缠足，步幅很小，并不影响走路用。现在把旗袍做成贴身的，问题就明显了。春儿问婉容："娘娘，您看是不是把气儿

开得长一点呢？"婉容说："不必。气
儿开得长就露出了腿，会给人轻浮感
觉。"随后婉容又很有先见地下断语道：
"我琢磨着，以后的人穿旗袍，不会穿
这种短气儿的。但那是以后的事了。"①

　　婉容经常给春儿讲述纹饰从古至今的变化，
拿出古籍册页让春儿看，并让其按照上面的样子
仿做。婉容对服饰有一定的研究，她不断和春儿
说，任何东西不能照搬，要学会把不同的事物聚
集起来，有机地合成一体，取其精华部分为我所
用。为了不落伍，赶上时代的潮流，宫里经过一
番讨论，买了一架美国制造的缝纫机。

　　裁缝春儿为人忠厚老实，不多嘴，不好事，
善解人意，经常陪婉容上街买衣料，去看各种时
装。这件事情可以打发许多时间，婉容从这上面
找到了乐趣，也算生活中的正经事。

　　溥仪和婉容的夫妻关系形同虚设，春儿对皇

---

① 仲敏：《婉容将旗袍改良成了经典》，《南京晨报》，2014
年 6 月 17 日。

后暗中欣赏，赞叹她的美丽。在去东北之前，春儿与袁姑娘两人的意见不同，发生了矛盾冲突。婉容肯定要上东北，春儿跟随婉容多年，作为御用裁缝必然一块去。袁姑娘和他的想法不同，她出生在江南，那里的气候温暖湿润，随夫来到天津，已是迫不得已的事情。

　　袁姑娘和春儿商量，要去春儿自己去，她要带着孩子回北京。可是回北京要投奔谁？在那儿袁姑娘的舅舅周裁缝五年前告老还乡，回到苏州不久就去世。春儿的大爷，自从春儿跟着皇上跑到天津以后，便把后门桥的成衣铺变卖了，拖着个半身不遂的身子，回河间老家了。在北京，他们已经举目无亲了。在这种环境下，让她们母女俩回北京，春儿的心能放得下吗？

　　春儿说："要回北京，咱们一块儿回。"

　　听了春儿的话，袁姑娘一下愣住了。自从嫁给春儿以来，他们未分开

过。春儿疼媳妇、疼孩子，在静园里尽
人皆知。他怎么会舍得把媳妇和孩子抛
在北京，自己一个人去东北呢？既然袁
姑娘不去东北，那就索性一家三口一块
儿回北京，凭他的手艺，还怕混不饱肚
子吗？说着他就要去静园找婉容告辞。

袁姑娘把春儿拦住。自己的男人，
只是一个裁缝，一把剪子一根针，靠手
艺吃饭。普天之下有多少裁缝，能有几
人熬到为皇上皇后做衣裳？也许有的裁
缝比他手艺好，一辈子却默默无闻。他
就因为赶上了时机，机缘巧合，才使他
出人头地。这就是命，裁缝本是个普通
的职业，可春儿就是把一个普通的职业
做到了登峰造极的地步。①

一九三二年三月八日下午，溥仪和婉容抵
达长春，开始做他的伪满洲国皇帝。在东北的长

---

① 　周进:《末代皇后的裁缝》，作家出版社，2006，第
　　86-87 页。

春，婉容住进伪满洲国的皇宫内，想起和裁缝春儿在天津过的平常百姓的生活，她就连这点爱好也被剥夺了，和自己说话的人更少了，无聊变成常态，空虚充塞着每一分钟，婉容的内心郁结苦闷，积久成疾，她的烟越抽越凶，甚至神志不清，有时胡言乱语，大声地骂溥仪。溥仪看见她如同遇上魔鬼，躲得远远的，也更加厌恶她。他娶妃子的事都懒得打个招呼，她是被打入冷宫的人了。

婉容是旗人，打小就喜欢穿旗袍，在伪满洲国时期做了大量的旗袍。秦翰才在《满宫残照记》一书中，引用存留的帝宫档案《主上衣料簿记》，整理出婉容一九三四年一年之间制作旗袍的数量：

> 三月十五日，青地织金花衣料一件，做夹旗袍；三月二十一日，灰色毛葛衣料一件，做夹旗袍，蓝色毛葛一块计长三码一角，做夹旗袍；三月三十日，绿法国柳条毛葛衣料一件，做夹旗袍；四月三日，青法国柳条葛一块计长

二码一角，做夹旗袍；四月八日，雪青色日本衣料一件，做衬绒旗袍；四月十一日，紫色法国毛葛衣料一件，做夹旗袍；四月二十一日，白里绸一块计长八尺，做夹旗袍；五月三日，蓝法国柳条绒衣料一件，做夹旗袍；五月二十一日，灰色印度绸绣花衣料一件，做夹旗袍；五月三十日，红色花丝绒衣料一件，做夹旗袍，青纱地红花丝绒衣料一件，做夹旗袍；六月十三日，青地红花乔奇纱衣料一件，做旗袍，浅黄色乔奇纱衣料一件，做旗袍；六月十五日，黄法国条绸一件，做单旗袍；六月二十五日，灰地红蓝花印度绸衣料一件，做单旗袍，青地织金花乔奇纱衣料一件，做旗袍；六月二十九日，白印度绸印花衣料一件，做单旗袍；七月二十日，白地印花玻璃纱衣料一件，做单旗袍；八月十日，法国浅灰葛衣料一件，做单旗袍；八月二十日，织花绸衣料成件，做单旗袍；八月二十八日，紫色白花印度绸衣料二件，做夹旗袍二件、衬绒一件；九月十六日，丝绒衣料一件，做夹旗袍；九月二十八日，绿色素毛葛衣料二件，做夹旗袍一件；十月二十日又做衬绒旗袍一件。①

婉容平均每月做两件旗袍，溥仪当上伪满洲国皇帝后，一九三四年四月，他派侍卫官存耆去北京，花了三千多元在大栅栏祥义号绸缎洋货店订制龙袍，又花七百多元"为婉容订制黄缎细绣五彩凤凰牡丹旗袍一件、姣月软缎细绣五彩凤凰牡丹大坎肩一件、姣月软缎细绣五彩凤凰牡丹紧身一件"。这些旗袍布料，有中国传统纱绸，也有日本、法国、印度等国的上等毛料和丝绸。

一九三二年，日本操纵下的伪满政权在长春成立。时局动荡，婉容一方面受日本人监视，外出活动不得自由，另

① 王庆祥：《中国末代皇后郭布罗·婉容传》，人民文学出版社，2015，第201页。

一方面又受到溥仪的冷落，最终精神失常。此时的她已不再注意仪表，终日与鸦片大烟为伴，形容枯槁，也就无法从中再得出更多的信息。从近代服装史上我们可以了解到二十世纪三四十年代是民国旗袍的全盛期，基本廓形已日臻成熟，服装结构上汲取西式裁剪方法。新制旗袍成为中西服饰特色兼收并蓄的近代中国最时髦的服装。此时旗袍的改造和创新更加频繁，领子时高时低，袖子时有时无，腰身变窄，两衩开得也较高，进一步合体以显示出女性的体形曲线，由此旗袍成了这个时代中国女性的基本服饰之一。①

一九三四年，最后的几个月里，婉容和溥仪的侍从有了私情，不小心有了身孕。她跪在溥仪面前，想到无辜的孩子，泪流满面地哀求他，希

---

① 张婕、李正：《论"设计美"的要素——以末代皇后婉容穿着旗袍为例》，《艺术科技》，2016 年第 2 期。

望允许孩子活下来，但溥仪坚决不答应。不过后来，溥仪勉强同意孩子可以生下，但不能待在宫里，必须送外面由其兄负责抚养。

> 孩子呱呱落地了，原来是一个长得像妈妈那样俊美的女婴，呻吟着的婉容看了一眼这亲生骨肉，她笑了，那自然是无可奈何的苦笑。她多想把这"小婉容"留在身边，但她没有这个权力。她咬咬牙，摆摆手，让佣妇抱了下去。她的意思很明白：与其像我这样在宫殿中生活，还不如让她在民间长大……①

现实不是艺术，是残酷无情的。这个新生的孩子太可怜，只在世上活了半个钟头左右，还未送到宫外，小生命就离开了这个世界。婉容的哥哥润良，夹着尸包送到内廷靠西院南大墙护军宿舍附近的锅炉房，让人送进炉膛烧了。

---

① 王庆祥：《中国末代皇后郭布罗·婉容传》，人民文学出版社，2015，第240页。

这样的生死离别对婉容来说是致命打击，长期积压的郁闷，又新添痛苦，各种因素加剧了婉容的精神分裂，她暂时的解脱只有鸦片。

一九四六年，婉容死在吉林省延吉一所监狱里，身边无任何亲人和朋友。一张裹尸的炕席，把曾经贵为皇后的婉容的身体卷起，葬在南山野岭中。

但婉容和裁缝春儿共同设计改良了肥大的旗袍，让其凸现女性的胸臀曲线，发扬光大了满族旗袍。

旗袍美女阮玲玉

一

一谈起老上海，不得不说旗袍，这就离不开阮玲玉。二十世纪三十年代是上海电影业最兴旺的年代，阮玲玉是最具票房号召力的影星之一。她总是穿着各种款式的旗袍，三十年代是旗袍登峰造极的时代，她算得上是形象代言人。

阮玲玉祖籍广东中山，最初的名字叫阮凤根。父亲去世很早，由于生活逼迫，母亲何阿英带着小女儿出来打工，去一家有钱的人家当佣人。何阿英知道生活的艰难，不想女儿和自己一样，所以让女儿去上学。从踏进校门第一天起，母亲就觉得阮凤根这个名字不好，让她改叫阮玲玉，意为抛弃过去的一切。

后来，阮玲玉成了名噪一时的影星。她与张家四少爷张达民的爱恨纠葛、与电影导演蔡楚生的"三顾茅庐"、与富商唐季珊的情感纷争，也在那个年代家喻户晓。我们这里，主要想讲一讲阮玲玉与旗袍的相遇相知。

有一天，突然下雨，阮玲玉没有带伞，匆忙地快跑起来，想避开雨的淋浇。如果不是那场雨，不是那道门槛，她也许就会和外出的张府四公子张达民擦肩而过，也不会有日后的悲剧发生。

阮玲玉的母亲在张家做佣人几年，对于张家大院的情况十分了解，她听母亲说过四公子张达民，她为自己的鲁莽道歉。飘洒的小雨，潮湿的空气，人在阴灰中却有说不清的情绪。张达民无意中碰上阮玲玉，感觉这个女孩身上有特殊的东西，对她升出狂热的情感。

张家四少爷张达民，身在富贵之中，不愁吃不缺穿，面对这样的情遇，他是绝不能错过的。他绞尽脑汁，冥思苦想怎么逾越父母这座障碍。

做违反祖辈观念的事儿，这可不是小事情。他面对的不是一两个人，而是封建的传统观念。张达民母亲知道儿子和阮玲玉的感情后，非常愤怒，这样的大家门户，娶佣人家的女儿为妻，是奇耻大辱。她作为母亲，对儿子讲道理，想说服他听话。她看自己的话不奏效，儿子一意孤行，便改变方法，转而对阮玲玉的母亲横挑鼻子竖挑眼，不断恐吓，而且发出最后通牒，禁止阮玲玉上张府看望母亲，想阻止这场大火般情感的蔓延。张达民的母亲只是一厢情愿，她无法控制儿子的行动。当她发觉自己的阻止不成功，反而刺激两人情感升温时，她采取最后的手段，把侍奉多年的佣人阮母赶出家门。突然的变故，使阮玲玉的家陷入困苦中。但这却是她和张达民感情加深的好时机，处在艰难中的阮玲玉，从张达民身上得到温暖，他俩私订终身。她不计后果，与张达民同居。阮玲玉一生悲剧的大幕从此拉开。

阮玲玉和张达民这一对叛逆者，不顾家庭的强烈反对，一意孤行，在上海浦西四川北路鸿庆坊里弄租了一套民宅。被感情冲昏头脑的年轻人，品尝到爱情的甜蜜，又面临残酷的现实，在这样的情况下，开始同居的生活。

阮玲玉情窦初开，年轻人做事不计后果，只想眼前的幸福。初始一段日子，她沉醉其中，两个人虽然生活清苦，但没有人打扰，也是相当知足。阮玲玉喜欢音乐和跳舞，张达民租来一架钢琴，让她练习弹琴，还时常带她去舞厅跳舞。居住的房间不大，布置不算华美，琴声却经常响起，小两口过的日子让邻居们羡慕。阮玲玉是贫困家庭出身，没有那么娇贵，对张达民很体贴，照顾得十分周到。按当时风俗习惯，富家女人穿长裙，或长旗袍。阮玲玉为操持家务时便利，不讲究穿戴，她怎么方便怎么来。张达民生长在大家庭中，刚开始对平民生活有些新鲜感，不受任何拘束，身边又有自己喜欢的女人，一时 兴起，做了一首打油诗，和阮玲玉开玩笑：

不爱旗袍爱短衣，麻皮大姐兴遄飞。

只因解手图方便，哪管旁人说是非。①

---

① 刘澍:《无冕影后阮玲玉》，中国文史出版社，2011，第30页。

张达民懂得女人的心理，歪诗只是一种调味品，阮玲玉知道开玩笑，便装作生气的样子，反而引来他们一阵甜蜜的亲热。

张达民没有固定职业，新组的小家庭的经济来源，靠他父母每月给的零花钱。这笔钱节省着花，日子还算过得去。

张达民的算盘落空了。本以为两人同居，时间一长，在一起就顺理成章了。但是，他父母的态度坚决，不承认这门婚事，经济上不给予支持，对他严加控制。未来一片黑暗，根本发现不了一丝光亮。张达民无法让父母回心转意，阮玲玉看不到明媒正娶的希望，时间久了，总觉得不能长此下去，心中压着一块石头，郁郁寡欢。

张达民很快失去了新鲜感，他是富家子弟，不可能过贫穷的生活，兜比脸干净的日子他无法忍受。他和阮玲玉的事情，虽然是木已成舟，但这只小舟，经不起狂风暴雨，终究要沉没在水底。

张达民性格突变，没有了昔日的温文尔雅，也没有了追求阮玲玉时的热情，一回到家，看什么都不顺眼，就拿阮玲玉母女出怨气，对她们大

第三章 名人与旗袍

131

吵大嚷，不顾情面地说不好听的话。

张达民父亲突然中风去世，作为儿子必须尽孝。一个重大问题摆在面前，是否携没有过门的阮玲玉同去。他在这件事情上犯了难，阮玲玉听了消息以后，也不知该如何处理。残酷的现实必须面对，没有别的选择，她不愿过多地想，前面是刀山火海都要去闯。她决定放下自尊，和张达民去张府凭吊亡父。一家人沉浸在悲痛之中，阮玲玉意外到来，不但未缓解她和张家的矛盾，反而更加激烈。张老太太不管不顾，不分场合地谩骂，甚至在灵堂上粗暴无礼，言语侮辱阮玲玉。

张家四公子张达民，顺理成章地得到了父亲部分的遗产。他对阮玲玉的情感进入冰冻期，两人关系冷漠。他自暴自弃，放纵赌场，过着花天酒地的生活。

阮玲玉望着空荡荡的屋子，冰冷的床上，只有一对枕头摆在那里，张达民彻夜不归，不知在什么地方放荡。阮玲玉一个弱女子，没有固定的生活来源，为了活下去，撑起清贫的家，报答将自己抚育成人的母亲，找回做人的尊严，决定外出找工作。

第二天，太阳照常升起，阮玲玉穿上阴丹士林旗袍走出家门，她要过新的生活。

阮玲玉不知去哪儿找工作，她毫无目标，沿着马路走，不知该往何处去。她穿着阴丹士林旗袍，在人群中没有人注意到她。马路上奔跑的汽车，来去匆匆的行人，无人多瞧她几眼。阮玲玉走了大半天，一无所得。她又从各类报纸上搜集信息，期望找到适合的招聘消息。有一天，《新闻报》上登载的一则广告引起她的注意，招聘影片《挂名的夫妻》女演员。她感觉天明亮起来，抑制不住内心的欣喜，决定报考明星影片公司。

阮玲玉有表演的天赋，非常自信地应试，经过试镜终于被录取。

二

卜万苍导演是阮玲玉遇上的第一个最重要人。从此以后，她又结识郑正秋、张石川、朱瘦菊、李萍倩、郑基铎、朱石麟、孙瑜、费穆、蔡楚生、罗明佑等人，与二十世纪二三十年代的大编导合作，表现她的艺术才华。

一九二七年春天，影片《挂名的夫妻》正式公映后，新人阮玲玉的不凡演技，得到了广大观众的好评。当时是中国早期无声电影时代，银幕上的阮玲玉博得了无数影迷的目光。阮玲玉朴素的表演，把剧中角色演绎到了绝妙境界，让影迷们发自内心地钦佩，她精湛的演技受到各方人士关注。阮玲玉形体非常好，穿起旗袍很突显气质，被称为"旗袍美女"。

电影海报上，人们经常看见阮玲玉的剧照，她的头发烫着大波浪，耳朵上吊一个坠子，涂着艳色的口红。她喜爱穿格子旗袍，不管什么款式的旗袍，穿在她身上都别有韵味。

三

二十世纪三十年代，是旗袍盛行的时期，各大报刊开专栏介绍旗袍，月份牌不甘落后，选择穿旗袍的美女做形象代言。

阮玲玉在贫苦人家长大，有一股不屈服的性格，刚强而有气节。她本色的表演，热烈而率真，形成自己的风格，她也成为服装时尚风向标。阮玲玉在银屏上走红，正是旗袍最流行时。

旗袍总体特点是领小、袖小、下摆多变化，核心是讲究腰身。满族女性的旗袍是平直造型，几乎看不出胸、腰、臀的曲线，腰节线较低。而汉族女性的旗袍，有明显的腰身，胸、腰、臀部贴合身体曲线，旗袍穿在每一位女性的身上都是合身、妥帖的。民国旗袍不是批量生产，千人一式，而是量身定做的个性化服饰，千人千样。

旗袍的袖子也富于变化，时而长过手腕，时而短至露肘，当然也有无袖的。长袖有长袖的美，短袖有短袖的俏，无袖有无袖的媚。因人而异的旗袍，符合每一个穿着者的身材，贴合而周致。①

阮玲玉最喜爱的花格子旗袍，为收腰式，改

---

① 刘澍：《无冕影后阮玲玉》，中国文史出版社，2011，第70页。

良后的旗袍凸现性感，面料和图案新颖独特，色彩丰富，呈现简洁的现代感。一袭旗袍，勾出高挑的身材，她为此拍过一张照片，手中拿着羽毛球拍，清澈的眼睛露出纯真的目光，笑意中透出内心干净的世界。她这身打扮，在安静中溢出运动的韵律，旗袍格子图案，与羽毛球拍子上的网格相映，彰显生命的激情。

阮玲玉踏入电影界后，生活完全独立，不需要依赖任何人。张达民从此不再给她钱，相反向她要钱花。自从明星影片公司转入大中华百合影片公司后，她和张达民的关系名存实亡，进一步恶化。张达民是好赌之徒，很快耗尽分的数十万遗产变成穷光蛋。他死不改悔，不去找一份正当的工作，一次次向自己的女人要钱。阮玲玉名气大，但收入并不算高，养家糊口而已。张达民是个无底洞，赌博需要大量钱财，而无赖的胃口越来越大，他们相处得如同冰火，争吵更加激烈。

张达民死皮赖脸的纠缠，给阮玲玉的生活带来无尽烦恼，拍戏受很大影响。在忍无可忍的情况下，阮玲玉与母亲搬出那个家，远远地离开张达民，在窦乐路同庆里租了一间房子。

一九三二年年底的时候，在联华影业公司举行的一次聚会上，阮玲玉跳舞时结识唐季珊，不过没有什么深交，只是一面之缘。舞曲终了，两人客气地点一下头，茶叶商人唐季珊没有给阮玲玉留下深刻印象，甚至连他的样子都未记住。

但唐季珊却不是，面对漂亮影星，他却有自己的小九九。舞曲拉开大幕，自从与阮玲玉相识之后，这位和电影界多有往来的茶叶商人，在联华片场出现次数频繁。每一次他都不会让人感觉意外，总能说出合适的理由，别人没发现什么不妥当的地方。

唐季珊是社会中人，对于和女性交往，自然有高明之处。他能摸透对方的心理，小火慢攻，使得天真善良的阮玲玉在毫不设防的情况下，一步步落入陷阱里。

为了取悦阮玲玉，唐季珊使出了阿谀奉承、甜言蜜语的看家本领。他特地提前赶到杭州外景地，凭借当地的关系，为《城市之夜》摄制组订下打折的旅店房间，并为阮玲玉准备西湘饭店豪华的套间，还在西湖松鹤轩设宴为外景队接风洗尘，以尽地主之谊为名大献殷勤，骗得阮玲玉与同事们的好感，再凭着在杭州出外景时结下的友谊，在返沪之后开始以老朋友的身份堂而皇之地登门拜访，频频出入阮玲玉的家中。转眼一九三三年新春来临之时，唐季珊俨然已经成为阮玲玉家里的男主人。①

一九三三年三月，阮玲玉带着母亲和养女小玉，开始与唐季珊的同居生活。一个月后，张达民知道了这件事情，暴跳如雷，他不想自己的女人，尤其还是一台挣钱机器，移情恋上别的男人。

一九三四年是阮玲玉最忙碌的一年，《神女》和另一部《新女性》使得阮玲玉的演艺事业达到巅峰。

吴永刚担任编导的影片《神女》，也是中国

---

① 刘澍：《无冕影后阮玲玉》，中国文史出版社，2011，第129页。

电影史上一部重要作品。阮玲玉在影片中扮演为抚养儿子而卖身的母亲，与章志直扮演的流氓形成鲜明的人性对立。影片中的她为了挣钱抚养儿子，卖身沦为妓女，被流氓控制无法逃脱。阮玲玉扮演的妓女，是那么高傲与漠视，眼神中透出仇视。当她把希望寄托在儿子身上时，散发出母性的善良和爱。为了让儿子接受良好的教育，她背着流氓藏了一笔钱，却被流氓拿去赌博，输得一干二净。她一怒之下，绝望地拿酒瓶将流氓打死，被判十二年监禁。

一九三四年十二月，阮玲玉主演的影片《神女》公映，立即得到了各方好评，被报纸评为当年最好的国产片之一。

阮玲玉穿旗袍柔情万种，《神女》中有一张剧照，一盏电灯悬挂空中，发出昏暗的光。阮玲玉穿一件白旗袍坐在桌子上，低下脑袋，双唇紧抿，叼着一根香烟。这时那个流氓一脸堆笑地凑上前，要给她点烟。

一九三五年出演《新女性》，她在影片中扮演的角色都穿旗袍。她精湛的演技，迷茫的美丽让影迷为之疯狂。将旗袍的风姿绰约、风情万种展露得淋漓尽致，留下了惊艳的一瞬。扫地旗袍下摆长，贴身穿行动有所不便，于是设计上对旗袍采取了开衩处理，尤其是高开衩解决了这个矛盾。女性在走动时，隐约露出白皙的大腿，十分性感。①

一九三五年，元旦刚过，阮玲玉拍了最后一部影片《国风》。罗明佑联合朱石麟导演，阮玲玉与林楚楚、郑君里、黎莉莉、罗朋、刘继群、洪警铃等明星联袂出演，这是一代影后的告别之作。

一九三五年三月五日，春寒料峭，阮玲玉和往常一样，走进摄影棚，拍完《国风》的几组镜头。

这一天晚上，阮玲玉和剧组同事们参加联华公司部分员工在黎民伟家中的聚会。阮玲玉穿着

① 刘澍：《无冕影后阮玲玉》，中国文史出版社，2011，第165页。

绿底花织锦的紧身旗袍，烫着大波浪卷发，脸上略施脂粉，耳垂上戴着唐季珊送给她的红宝石耳环。她和往常一样，出现在各大活动中，身姿绰约，光彩照人，很少有人注意到，她画的眉线有些变化，眉尖略略向下，妖娆多姿中露出悲伤。

当天后半夜，唐季珊一觉醒来看到倒在地上的阮玲玉。他感觉是服毒，急忙叫醒阮玲玉的母亲，将她送进医院抢救。

一九三五年三月八日下午六时三十八分，阮玲玉心脏停止跳动，一代影星黯然离世。

梨窝美人胡蝶

一

胡蝶皮肤细腻而白皙，柳叶眉下一双清亮的大眼睛，尤其那对小酒窝，让她赢得"梨窝美人"的称号。她是上海滩时尚代言人，她的穿衣打扮，引领着上海滩的潮流。胡蝶穿过一件褶衣边的旗袍，风靡一时，人们都叫它"胡蝶旗袍"。

一九〇八年二月二十一日这天下午，上海提篮桥辅庆里的普通民房里，一个女婴降生。清响的哭声是向世界问候，她就是一代影后胡蝶。

小时候，胡蝶并不叫胡蝶，而是叫宝娟。在她们的大家庭中，姑姑起了关键作用，她嫁的丈夫，其兄是段祺瑞政府的总理唐绍仪。靠着有权势亲戚的关系，胡蝶三岁那一年，她父亲当上了京奉铁路的总稽查。官不是很大，但处于非常重要的地位，有一笔稳定的收入，使家庭生活安定。

胡蝶八岁的时候，父亲工作调动，他们举家迁到天津，在那里生活一年的时间后，胡蝶和表妹胡珊到了学龄。胡蝶的父亲思想开放，把她们俩送入天主教的圣功学堂念书，这不是一般人家孩子能享受到的事情。胡蝶接受新式教育，而不是中国传统教育，这带给她新思想。胡蝶九岁的那一年，她的父亲辞去天津的工作，带着全家来到了广东，准备长期定居广州。胡蝶年龄不大，却横跨大半个中国，经历的文化背景不一样，也锻炼了她。她在广东度过少年时期，进入广州的培道学校读书。胡蝶适应力极强，很快就学会一口粤语，结交好多同学，与他们成为好朋友。

一九二四年，胡蝶十六岁时，她们一家离开广州，重新回到了离别多年的上海。十九世纪鸦片战争以后，上海辟为通商口岸，因其繁华和富有异国情调而享誉中外，西方商人纷至沓来，同时带来时尚的潮流。上海是中国最繁华的大都市，电影经历几年的发展，开始壮大。胡蝶正值青春期，对于各种新鲜事物接受快，又受过西式的教育。她一有空闲，就去电影院看电影，胡蝶很快被时髦的艺术形式吸引，更加坚定了她做演员拍电影的梦想。关于胡蝶走上演艺道路，还流传着"真假胡蝶"的说法：

> 1923年夏秋之交，上海大世界游艺场老板黄楚九，在金融巨头胡笔江鼎力资助下，创办了影剧训练班，不久改称为"中华电影学校"，正式对外招考男女演员。此举当时在上海乃至全国都是史无前例的，因此吸引了众多有才华有志气的青年，报名者排成长龙，推荐电话更是接连不断。
>
> 外滩上赫赫有名的豪门阔少严芙蓉闻讯后，忽然惶惶不安起来，深怕少奶奶胡蝶去报名应试。其实，胡蝶这位色艺双绝的小女子早已偷偷报了

名，经过面试、笔试后被录取了。

9 月 22 日开学那天上午，严芙蓉方知底细，他急忙带了几个打手闯进校内。严芙蓉一见到胡蝶，就狠狠地拉她，穷凶极恶地骂道："你被灌迷魂汤了，这是个挂羊头卖狗肉的电影学校，什么教师和学生，全是些不干净的狗男女！"

在场的师生听了，个个义愤填膺，将这个恶少围得水泄不通，要向他讨个明白。严芙蓉本想大打出手，蛮干到底，可是身处这种场合又怕众怒难犯，只好对自己的太太拳打脚踢，发泄私愤。

岂料胡蝶是个倔脾气，你硬她也硬，死活不肯回家。严芙蓉恼羞成怒，竟用香烟烫她的脸，呵斥道："让你这个妖精再去勾魂摄魄，再去媚着面皮卖骚！"

大家见胡蝶被折磨得惨叫不已，要拉严芙蓉去警察局说理。

　　在场的老师洪深，看在眼里急在心中。他担心事态扩大，胡蝶反会更遭毒手摧残，忙劝阻了他的学生。谁知这一来，严芙蓉气焰更加嚣张，临走时冲着洪深吼道："老子就要气气你们，有本事就再找一个胡蝶给我看看！"说罢还上前几步，抬高了嗓音揶揄道，"找啊，快找啊！"

　　这时，洪深气得两眼冒火，陡然大喊了一声："好吧，就让你看看，胡蝶永远留在我校的花名册上！"

　　洪深不说则罢，一说，包括胡蝶本人在内大家全都傻了眼，一下子怔住了。

　　洪深是资深戏剧家，又是中华电影学校的校长，当然不会信口开河。这时，他突然将一个站在办公室走廊里的高个子姑娘喊来，愤愤地说："小胡，我洪某说话算数，包你免试入学了！"

　　原来，这个姑娘名叫胡瑞华，是从广东平昌县罗家镇千里迢迢赶来报考的。胡瑞华聪明伶俐，虽是平民出身，却颇具演艺的灵气和天资，特别是一口流利标准的普通话，确实人才难得！洪深、张正德、姜振明等教师都想收留胡瑞华，但是老板黄楚九十分固执，认为考期已过，名额已满，且出榜公布了，所以一直不肯点头。胡瑞华对从艺向往已久，十分执著，当然不会轻易放弃，在这里干脆找了个小客栈住下，天天到学校里磨蹭，等待"机会"。

也许天公助人，命中注定，胡瑞华便按洪深的指示改名为"胡蝶"，想不到就这么"以假充真"了。①

学习结业后，胡蝶参加大中华影片公司的电影《战功》的拍摄，她因刚出道名气不大，只在片中演一个配角。胡蝶接着在友联公司的《秋扇怨》中当主演，两个甜甜的酒窝，穿一身旗袍，崭露头角。第二年，胡蝶和天一公司签订两年合

① 东美口述，徐珣整理：《影星胡蝶的奇闻趣事》，《钟山风雨》，2012年第2期。

同，拍摄《白蛇传》《孟姜女》《珍珠塔》《儿女英雄传》等多部影片。

一九二八年，胡蝶正式进入明星影片公司，迎来她演艺事业的高峰时期。由于该公司的郑正秋、张石川赏识她的才华，预感其将来有当电影明星的潜质。胡蝶主演的电影，公司重点宣传，请人专门为她写合适的剧本。在张石川的新片《白云塔》中，胡蝶与阮玲玉两位中国影坛的巨星首次合作。影片公映后，票房并不好，不过胡蝶受到了观众和评论界的称赞。让胡蝶声名大振，知名度迅速提高的是她主演《火烧红莲寺》，侠女红姑清新秀雅的形象红遍大江南北，胡蝶成为广大观众喜爱的明星。

胡蝶一夜成名，随之而来的是明星广告效应。一些商家老板早已盯上，纷纷请她出来捧场。

胡蝶和阮玲玉穿着老上海名牌鸿翔改良旗袍，公开走过秀，在民国年间引起轰动。老上海的明星、名媛们都是鸿翔的常客，胡蝶就是鸿翔时装的老主顾，她在回忆录中写道："我的衣服几乎都由上海鸿翔服装店包下来了，那里有几个老师傅，做工很考究，现在恐怕很难找到这样做工考究的老师傅了。"

一九三〇年春节过后，上海大世界游乐公司举办迎春招待会。

胡蝶作为特邀贵宾，自然分外引人注目。会上，有记者问胡蝶，最喜爱哪一家商店的服装。胡蝶不假思索，脱口而出："鸿翔服装店的衣裳，不但做功考究，而且款式时新，花样很多，我常去选购，可谓是老主顾了。"这句很平常的话，由于出自胡蝶之口，立即产生了轰动效应。招待会刚散，听觉灵敏的顾客便纷纷蜂拥至鸿翔，该店销售额当天便陡增了两三倍。老板胡鸿翔毕竟是生意场上的老手，他看准苗头，索性将胡蝶说的那句话写成大字布标，连同胡蝶的头像挂在店门口，如此果真吸引了更多眼球，连许多老外都驻足停留好长时间。令人难以置信的是，胡蝶作为绝顶聪明的影后，当年竟然不知道做广告还有报酬一说。胡鸿翔作为收益方，向胡蝶口头许诺：今后胡蝶自己本人来选购任何衣服，一律以六点五折的价格予以优惠。这项不被人在意的"广告"，让商界受到很大启发。沪江照相馆的老板多次登门与胡蝶协商，愿意为她免费承拍所有剧照和生活照，并冲洗数千张，给胡蝶赠送影迷。沪江与胡蝶的交换条件是用胡蝶的近照印刷成广告明信片在邮局和市场出售。这样一来，胡蝶的好处不过是微不足道的"毛毛雨"，而沪江的收益一版便高达十多万元，而且可以不断再版印刷，真可谓一本万利。此外，沪江无形中获得胡蝶玉照的拍摄"专利"，店堂内大大小小千姿百态的影后形象，成了在同行业中独占鳌头的最大亮点，吸引了大上海所有的摄影爱好者，几乎包揽了全市一大半生意。沪江开了这个头，接着，以出售阴丹士林布料为主的大中华布匹公司亦抓住"香饽饽"，将胡蝶的剧照扩成巨大的高位广告牌，还请胡蝶本人亲笔题写广告语："阴丹士林色布，是我最喜欢的衣料。我好想为它唱几首赞歌……"这则影星广告开创了我国广告市场正式付酬的先河。①

一九三四年，鸿翔在上海百乐门舞厅，举办时装表演，请来胡蝶、阮玲玉等大牌当红明星捧场。时装表演轰动整个上海，也是全国第一次时装表演。旗袍是一个时代的风尚，也是一种文化符号。

胡蝶当选影后之后，许多报刊开专栏分析胡蝶的时装，许多杂志推介新款旗袍，"封面女郎"、月份牌上、药品广告上，以及香烟盒子上，多是穿旗袍女子照片。上海刮起了旗袍热，也出现了一批旗袍的品牌。上海美亚织绸厂聘请多位中外模特，为其二十四套改良旗袍，举行一场时装秀，鸿翔旗袍、朱顺兴旗袍，都是响当当的牌子。

---

① 东美口述，徐珣整理：《影星胡蝶的奇闻趣事》，《钟山风雨》，2012 年第 2 期。

第三章 名人与旗袍

二

　　一九三三年,《明星日报》策划一项在各大电影公司评选电影皇后的活动,胡蝶脱颖而出,最终以 21334 票的绝对优势超过阮玲玉和陈玉梅,获得中国第一位影后桂冠。

　　一九三五年三月,莫斯科国际电影节主办方发出请帖,特别邀请胡蝶作为代表赴会。二月,胡蝶带着拍摄的《姊妹花》《空谷兰》等优秀影片,历经艰辛来到莫斯科。由于耽误开会的时间,《姊妹花》未能赶上比赛,电影节上,放映了胡蝶主演的《姊妹花》《空谷兰》两部影片。胡蝶身穿立领、琵琶襟、中开衩、下摆垂地的旗袍,身披白狐披肩,一对梨窝状的酒窝,一亮相,便吸引了国际影坛的目光。归国后,她写了一本《欧游杂记》,由良友公司出版。

　　上海是中国最开放的大都市,大批欧美资本输入,外国资本家具有广告意识,他们在月份牌中融入商品广告。月份牌的画面,除了商品宣传外,都是传统山水、仕女人物,或戏曲故事。商家后来采用穿旗袍的美女人物形象,胡蝶自然是

主要人物，作为民国时期的当红影星，也是商家和百姓的最爱。

褚宏生十六岁时，被父母送进裁缝铺，跟师傅学做旗袍，从小裁缝做到老裁缝，一生做出几千件旗袍。

胡蝶主演完《歌女红牡丹》，刚刚当选电影皇后。褚宏生年轻，做事不怕后果，用从法国进口的蕾丝面料，给胡蝶做出蕾丝旗袍。当时这是比较时尚的做法，一般老师傅怕砸自己的生意，不用这种面料。

就这样，给师父打工学徒的日子持续了六年，十九岁，他做起了女装，恰逢三十年代的旗袍盛世。据褚宏生回忆，当时江浙沪一带的服装主要分成两个派别：宁波帮和苏帮。宁波帮以做西式服装见长，苏帮则以制旗袍闻名，上海的旗袍即属于苏帮。马路两旁处处可见裁缝店，生意络绎不绝，他一天经手制作的旗袍就有二十多件。

"上世纪二十年代，十个女人里有四

个穿旗袍，三十年代就几乎全穿旗袍了。从十五岁开始，不管太太小姐、交际花，还是舞台明星，都穿旗袍。和江浙相比，上海人眼界广、品位高，穿的旗袍也格外考究。"褚宏生在接受《第一财经日报》采访时说。

旧时人们平时都穿旗袍，因此以舒适为主。领子高度一般低于三公分，式样上大开襟比较流行。普通人穿的旗袍多为低开衩，明星较为讲究，为显身材，开衩稍高，交际花则喜欢更加暴露的高开衩。从面料上来看，棉布和缎子是最为传统的，随处可见。丝绸较贵，都是明星穿得多。

主演过《歌女红牡丹》《姊妹花》等影片，在上世纪三十年代红极一时的电影明星胡蝶是褚宏生早年的顾客。①

---

① 邱妍：《最后的上海裁缝 海派旗袍活字典》，《第一财经日报》，2012年9月24日。

多少年后，褚宏生回忆当时的情景，那是夏天傍晚，他去胡蝶家为她量尺寸。卸下妆后素面朝天的胡蝶，在家穿着素雅的淡蓝旗袍。胡蝶注重旗袍的做工和样式，她喜欢复古式的花边，或者有点滚镶的装饰。

二十世纪三十年代，正是旗袍盛行的时期，各大报刊不惜版面，开设旗袍专栏，月份牌也不甘落后，选择美女和旗袍作为表现的对象。胡蝶穿的旗袍自然与众不同，款式独特，有自己的风格。

创刊于一九四八年的《展望》周刊，是中华职教社创办的一份教育刊物，为了迎合市场，也推出胡蝶作为封面女郎。

胡蝶最爱穿的是改良旗袍，不似传统的长度，而是缩短至膝盖略下，袖子缩短至肘上，使小腿和小臂袒露出来。这种短旗袍，下摆缀有三四寸长的蝴蝶褶衣边，短袖口上，也缀有这种褶，蝴蝶与胡蝶谐音，这款时尚的旗袍，被人们称为"胡蝶旗袍"。

三

一九三七年七月，日本发动全面侵华战争，年底上海失守，电影界蒙受巨大损失，明星公司在上海枫林桥的总厂被日军占领，明星公司不可能再存在下去。胡蝶的丈夫潘有声已经在香港发展了自己的事业，于是胡蝶和家人逃往香港。

一九四一年十二月二十五日，香港政府、驻港英军向日本华南派遣军总司令酒井隆中将投降。胡蝶为了表达对残暴日军的反抗，称这一天为"蝶耻日"。日方重金邀请胡蝶出演《胡蝶游东京》，她说自己已经息影，并且有了身孕，无法参加影片拍摄。

一九四二年八月，为了躲避日本兵的故意骚扰，一天上午，在大雾弥漫的天气中，胡蝶夫妇化装成逃难的人，经过一番艰辛回到了广东，五天后又抵达曲江。一九四三年十月，他们好不容易到达桂林，一件可怕的事情发生了。胡蝶发现多年的积累，一共三十只箱子丢失了，这是她半生的心血。沉重的打击，使胡蝶几乎丧失活下去的信心，面对残酷的现实，她痛心疾首。

国内战火四处蔓延，胡蝶一家转赴重庆。在暂时安全的陪都，为了排遣心中不快，胡蝶联系过去的朋友，偶尔参加一些应酬。

一次宴会上，胡蝶结识了国民党的军统特务戴笠，他强行闯入她的生活，粗暴地将她软禁，占为己有。从这天开始，她进入一生中最为屈辱的时期。

戴笠为了讨胡蝶欢心，他凭手中的权力，将胡蝶丢失财物案侦破。他一步步将潘有声支走，消除眼前障碍，采取各种手段，将胡蝶变成自己的女人。

一九四六年三月，戴笠准备与胡蝶举行婚礼时，他死于飞机失事。胡蝶终于摆脱戴笠的纠缠，她自由以后，不知该如何面对现实。胡蝶的人生一片灰暗，迷惑失措。她无心经商，随着潘有声的去世，两人创建的兴华洋行和热水瓶厂也倒闭了。

后来，胡蝶是在台湾度过的。一九七五年，在儿子的一再要求下，六十七岁的胡蝶来到了加拿大的温哥华，度过她的余生。

张爱玲和旗袍

　　张爱玲，原名叫张瑛，出生在上海公共租界西区麦根路三百一十三号，这是一幢建于清末的仿西式豪宅。她的家世显赫，祖父张佩纶是清末名臣，祖母李菊耦是李鸿章长女。

　　张爱玲母亲黄逸梵是湘军水师提督之后，是个新女性，会画画、弹钢琴，善于社会交际，曾与徐悲鸿、蒋碧微等人深交。张爱玲父亲相反，遗少做派十足，每天流连于烟榻和酒馆。

　　张爱玲生长在大家族中，由于性格上的冲突，母亲选择留洋进修，父亲再娶妻子。继母孙用蕃对待张爱玲很不好，结婚时，将自己穿过的旗袍装了两大箱子，随嫁妆带了过来。她从箱子里拿出旗袍，脸上堆笑，在张爱玲身上比画。张爱玲觉得这是对她的侮辱，内心有一种东西要爆发出来。她感觉空气稀少，被压迫得喘不过气来，头疼欲裂，急忙地离开了。张爱玲出生在如此显赫富贵的大家庭中，却要依靠穿继母的旧旗袍。旧旗袍扼杀了她的自尊。

张爱玲就读于贵族化女校，身边女同学个个打扮时尚，她虽然家庭富有，但母亲远走他乡，她只能捡继母穿剩的衣服。那些衣服曾经穿在别人的身上，要么磨损边角，要么款式陈旧，令她十分难堪。张爱玲说"碎牛肉颜色"的薄棉袍，成为她青春期里抹不去的伤痕。

在中山公园西南侧，长宁路一一八七号，有一所圣玛利亚女校，是上海著名的女子教会中学，由美国圣公会创办。一八八一年成立，原名上海圣玛利亚女书院，一九二三年，改名上海市私立圣玛利亚女子中学。当年这是一所女子贵族教会学校，招生对象多为中上等家庭的女子，些名媛淑女，以及当红影星都读过这所学校。

张爱玲在圣玛利亚女中的生活，以继母的出现分为两个时期。在这之前，她性格内向，不多言语，更多沉浸在自己的世界中。这个时期，她还是纯真的少女。继母的到来，洪水似的冲垮她的精神世界。继母故意找借口，以张爱玲和自己身材差不多，把娘家带来的两箱旧衣服送给她，显得体面或正大，实际上并非如此。其中有一件暗红的薄棉袍，颜色扎眼，使张爱玲感到厌恶和羞愧。圣校校风保守，学生穿衣朴素。张爱玲经常穿着过时的旧衣服，因为自己不如别人而感到惭愧，总觉得抬不起头来。这种煎熬久了，人变得呆滞懒散，情感冷淡，寡言少语。后母花很多的钱换房子，她不管不问，似乎和她没有关系。后母无中生有的背后乱说，她也不理睬。睁一只眼，闭一只眼，内心平静就好。她无法与后母争个一清二白，只能在痛苦中，独自承担。

不管生活怎么艰难，美是公平的。孤傲的女孩子，身材颀长，年轻的身体被包裹在素雅的旗袍中，漫溢出诗一般的韵味。

张爱玲从每一件衣服中发现历史和情感，要是没有一代代传下的衣服，实在是件憾事。每年六月，天气热起来后，她把箱子里保存的衣服拿出来晒，这对于衣服来说像是节日一般。

人在吊挂的竹竿之间穿走，两边是各种色

泽和款式的衣服，似乎在检阅服装阵。要是将脸贴在织金花绣上，会闻到另一种味道，这是时间的气息。太阳高悬天空，炽热的光线急速奔向衣服，钻进纤维中，它在和时间进行密语。这些衣服是前人穿过的，现在经过阳光显影，一点点凸现。张爱玲说道："回忆这东西若是有气味的话，那就是樟脑的香，甜而稳妥，像记得分明的快乐，甜而怅惘，像忘却了的忧愁。"

张爱玲是旗袍迷，她对旗袍有着独特的看法。清朝初年因为"男降女不降"，女人的服装并没有什么大变化。从十七世纪中叶至十九世纪末，人们穿着宽大衫裤，领圈处开得很低，这种领有无都一样。外面穿的是大袄，在一般场合，脱去外衣，露出里面中袄和贴身小袄。

女性在严酷传统枷锁下，衣服是一道道屏障，吞没女性的身体曲线，"削肩、细腰、平胸"，在重压下失踪。"因为一个女人不该吸引过度的注意；任是铁铮铮的名字，挂在千万人的嘴唇上，也在呼吸的水蒸气里生了锈。"张爱玲身为女性，指出千百年来落在女性身上的重压，她不是说出大道理，一句呼出的气息中也会生锈的名字，这比喊一万句的口号要强大得多。过去的女人不容易，要想穿得与众不同一些，就会遭受大多人的反对，穿上特殊款式的服装，会被看成伤风败俗。

出门时，裤子外面罩上裙子，一般情况下是黑色的。大喜的日子，太太必须穿红的，不能乱穿其他颜色的衣裳，穿粉红颜色的则是姨太太。寡妇必须穿黑裙子。因为丈夫已经过世多年，要是公婆在堂，她可以换成湖色或雪青。这是规矩，不可能随意地破坏，裙上的细褶，不仅是起装饰作用，也是女人举止和动作的表现。家教好的姑娘，走路脚步从容，不紧不慢，百褶裙也只是轻微晃一下。更为要求过高的是新娘红裙，裙腰垂下，这是一条半寸来宽的飘带，顶端系着铃，行走时隐约发出叮当，节奏鲜明。这些传统装饰，直到一九二〇年前后，随着自然大方、时尚的宽褶裙的出现才逐渐没落。

张爱玲对服饰有相当研究，这不光是因为她喜欢新潮服饰，还因为其中的文化韵味值得探讨。穿皮衣有一定的季节，按照特征分别归入各种门类，十月里天气异常冷，这时候可以穿三层

皮。穿什么皮，那要看什么季节，而不能只注重天气。"初冬穿'小毛'，如青种羊、紫羔、珠羔；然后穿'中毛'，如银鼠、灰鼠、灰脊、狐腿、甘肩、倭刀；隆冬穿'大毛'，如白狐、青狐、西狐、玄狐、紫貂。有功名的人方能穿貂。中下等阶级的人以前比现在富裕得多，大都有一件金银嵌或羊皮袍子。"

二十世纪四十年代，西方服饰文化强势进入中国，迅速狂风暴雨般刮遍古老大地。东西方服饰文化冲撞交融，呈现出复杂暧昧的消长之势。从小濡染西方文化，又对中国文化左瞧右盼的张爱玲，不知该偏袒哪一方。

张爱玲是一个与众不同的人。对于她的生活，存在颇多的争议。她是真正理解服装的女性。过去的老人都知道，与新中国成立前南京西路上的鸿翔时装公司和朋街女子服装商店名望相等的时装店，就是造寸时装店。二十世纪二十年代末，绰号叫"小浦东"的裁缝，从浦东闯荡上海。开始时，他在静安寺附近开间小裁缝店。小浦东姓张，名字为造寸，所以谓之张记裁缝店。

那时的静安寺路，现在是南京西路一带，类

似张记裁缝店这样的小裁缝店相当多。小浦东初来乍到，但手艺高超。他会根据每一位顾客的身材，设计制作裙子。嫌小腿短的，制作出长裙大摆款式，遮掩腿部不足。腰围粗、肚腹凸突的，作直筒裙。胸不丰满，做开襟宽松裙子，起到避开平胸效果。身材矮小的人另起之案，进行整体设计包装设计。要是身材高挑的，就做一套高腰身开衩长裙。不论什么样的人，经过小浦东的打扮，都满意。小浦东声名乘势而上，上海滩名媛贵妇和摩登女郎接踵而来。其中就有当时走红的女作家张爱玲。

九十岁高龄的骆贡祺，从一九八八年开始专心写作，在报刊专栏刊载独家系列报道，写出上海滩衣、帽、鞋、袜名店，被媒体誉为"服装史专家"。他在报道张爱玲时写道：

> 那时，张造寸的裁缝店已经搬到南京西路国际饭店附近，左隔壁是培罗蒙西服店。而张爱玲就住在南京西路梅龙镇酒家的那条弄堂内。她写作之余，常到张记裁缝店看张师傅裁制服装。日子

一久，双方稔熟了，张爱玲每次来店，总是有礼貌地先叫一声"造寸师傅"，而不像其他人那样直呼"小浦东"。有一次，张爱玲来店要求为她做一条大红裙子，张造寸认为她身材瘦长、皮肤白皙，不宜穿大红色的裙子。但张爱玲坚持说："我小时候没穿过好衣裳，所以想要穿得鲜艳夺目些。"于是，张造寸就替她做了一条猩红色丝绒镶金丝的高腰长裙。张爱玲穿在身上，哈哈大笑道："我这身红裙，真要妒煞石榴花了！"高兴之余，张爱玲忽然心血来潮，想要替张记裁缝店取个好听的店名。张造寸问："取什么店名好呢？"她胸有成竹地说："我看你的大名做店名蛮好的。造寸，造寸，寸寸创造，把我们女人的衣裳做得合身漂亮。"张造寸连连点头道："到底是有名气的大作家，肚子里有学问！"于是，张记裁缝店就改名为"造寸时装店"。

　　服装史专家骆贡祺的回忆的价值在于，它是第一手材料，未经过文字加工，而是原汁原味的，使过去的档案资料更加丰富，甚至重新塑造原有的各种立场。

　　那是一个特殊时代，社会发生急剧的变革，年轻一代的知识分子，反叛传统文化，甚至否定一切祖宗留下的东西。老派人物固守旧事物，不肯让一步，但依然难以阻挡时代前进的步伐。每天，新与旧的事物在各个地方进行论争。

　　在这个时候，旗袍率领时尚的先潮——元宝领出现了。这种款式，硬领高得与鼻尖平行，女性脖子变长，它与"一捻柳腰"完全不谐调。张爱玲说："头重脚轻，无均衡的性质正象征了那个时代。"

　　民国刚建立，人们极力推崇"理想化的人权主义"。学生们热诚拥护民主，主张"投票制度、非孝、自由恋爱。"也有少许的人，追求精神恋爱，但这种行为不太成功。

　　时装是一座城市潮流的风向标，喇叭管袖子刮起一阵风，露出大半截玉腕，短袄的腰部凸现紧小。富裕一些的女人，出门讲究系裙，在家中随意，穿一条至膝盖的短裤，丝袜也要到腰为止。甚至有些女性，袄底垂下淡色丝质裤带，顶端飘着排穗。

时装每天都在更新，每月都有变化，服装不仅仅为穿，还是身份和个人魅力的表现。一九二一年，旗袍开始流行。旗人妇女受新思想影响，对传统旗袍进行改良，也想穿出表现女性美的袄裤，然而皇帝下诏，严厉禁止这种行为。无名氏《抱妆盒》中的台词"三绺梳头，两截穿衣"，是自古以来女人打扮的代名词。一九四三年十二月《古今》半月刊第三十四期，刊发张爱玲的《更衣记》：

> 一九三〇年，袖长及肘，衣领又高了起来。往年的元宝领的优点在它的适宜的角度，斜斜地切过两腮，不是瓜子脸也变了瓜子脸，这一次的高领却是圆筒式的，紧抵着下颌，肌肉尚未松弛的姑娘们也生了双下巴。这种衣领根本不可恕。可是它象征了十年前那种理智化的淫逸的空气——直挺挺的衣领远远隔

开了女神似的头与下面的丰柔的肉身。这儿有讽刺，有绝望后的狂笑。

当时欧美流行着的双排纽扣的军人式的外套正和中国人凄厉的心情一拍即合。然而恪守中庸之道的中国女人在那雄赳赳的大衣底下穿着拂地的丝绒长袍，袍叉开到大腿上，露出同样质料的长裤子，裤脚上闪着银色花边。衣服的主人翁也是这样的奇异的配搭，表面上无不激烈地唱高调，骨子里还是唯物主义者。

近年来，旗袍发生的最重要的变化，就是剪掉衣袖。张爱玲说，这样的事情费了二十年的工夫才做完。衣领矮了，袍身变得短了，镶滚装饰也免去，用盘花纽扣替代，不久以后，连纽扣也不用，改为攒纽。

一个作家离不开生活，在她的作品中更多地体现个性，对某种事物的喜好会时常在作品中出现。张爱玲笔下的女性旗袍都具有个性，旗袍不光是女性服饰，而是人物命运的外在化。借旗袍服饰的变化，表达女性内心世界、人物性格和命运。衣如其人，旗袍蕴含厚重的历史和一个时代的意义。

张爱玲细腻的笔法，朴素的语言，准确而生动地将苍凉贯穿于笔下穿旗袍的女人，证明她所说的"生命是一袭华美的袍，爬满了蚤子"。她赋予旗袍特殊的灵魂，对女人命运做出诠释。

十四岁的时候，张爱玲拿到第一笔稿费，一共五美元。为此她发誓，要成为卡通画家，赚钱，买房子，买新衣服。成为作家后，张爱玲穿着祖母的清朝服装逛街，年轻的鼻子上，戴着一副鹅黄色眼镜，惹来行人注目。

张爱玲非常喜欢孔雀蓝，姑姑送她一块软缎被面子，这是祖母留下来的。她的举动出乎人们意料，拿到裁缝那里，做一件有旗袍元素的连衣裙，一只蓝色孔雀从肩头斜披下来。

一九五二年，夏衍邀请张爱玲参加在上海召开的第一届文艺代表大会，会上女性穿列宁装，多数人穿蓝灰中山装。唯独张爱玲穿着旗袍，外面罩网眼白绒线衫。她的这身服装，素净不张扬，但特别引人注目。

几经辗转，张爱玲终于定居美国。那个她从小生活的城市，随着时间流逝，穿旗袍的年代已经不复存在，唯一没有离开她的只有旗袍。

在美国时，张爱玲委托香港好友邝文美做旗袍。一九五七年三月二十四日，她为了做一件旗袍，给邝文美写信：

> 你寄来的料子样子我真爱看。可以想象你那天晚上纯黑与金色的打扮，也像看见你和琳琳捧着鱼缸在街上走。几时如果你在店里再看见你那件鲜艳的蓝绿色绸袍料，能不能请你给我买一件，（短袖）买了请放在你那里，以后再做，因为蓝绿色的料子难得有。

从信中可以发现张爱玲对旗袍的情感，也看出其与众不同的性格，以及她对蓝色的偏好。张爱玲一生做过数不清款式的旗袍，不同年代，不一样的款式风格，反映她内心世界的追求。

一九九五年九月八日，张爱玲在家中去世，陪伴她的是蓝花被面改制的旗袍，有上海四十年代的气息。

后记

旗袍承载着厚重的历史

    写完《旗袍的故事》这部书，已经进入新一年，过去的时间存在于记忆中。这些文字随着我的情感跨入新年。在此之前，对于旗袍的印象仅仅限于服饰，没有深刻研究它的历史。在读过的一些作品中，看到过关于旗袍的描写，张爱玲、张恨水等二十世纪二三十年代的作家都有精辟书写。终于完成书稿，写完最后一个句号，从披挂历史资料中走出。

    旗袍不仅是服饰，也是时尚标志，它承载着厚重的历史，由它可以反映出一个民族的变迁史。因为我是满族，流淌着先祖的血液，有责任为这个民族的发扬光大做出一点事情。

    接触到这个题材，我在浩如烟海的档案资

料中，寻找到一条路径。为此，我做了大量的田野调查，走进努尔哈赤的故乡清源。在奔走中搜集、整理出清晰的思路，促使我写完此书。

随着写作的深入，我对旗袍有了越来越深刻的了解，它是一个活化石，从中会发现很多历史踪迹。旗袍的褶、襟、领形、盘扣、图案，是经过无数手艺人的心血钻研出来的。一针一线缝缀的旗袍是艺术品，当它穿在窈窕女性身上，尤其是婉蓉、胡蝶、阮玲玉这样的社会公众人物，旗袍不仅带着她们的体温，更多的是命运。

旗袍体现的不仅是体形美，也是表现女性气质的服装。面料决定一款旗袍的成败，一块布料，就是一个故事的开始，它向设计者提出美学的挑战。面对布料质地和色彩，产生创作欲望，情感有了宣泄的地方。

旗袍是近代兴起的中国妇女的传统时装，既有世事多变的过去，又拥有崭新气象的当下。旗袍就是一部大书，具有厚重的历史意义。

卡尔·古斯塔夫·荣格指出："孕育在艺术家心中的作品是一种自然力，它以自然本身固有的狂暴力量和机敏狡猾去实现它的目的，而完全不考虑那作为它的载体的艺术家的个人命运。创作冲动从艺术家得到滋养，就像一棵树从它赖以汲取养料的土壤中得到滋养一样。因此，我们最好把创作过程看成一扎根在人心中的有生命的东西。"技术暴力的今天，金钱和机器不仅没有给现代人带来更多幸福，反而使我们失落、迷茫，在网络信息时代，找不到心灵的归途。乡愁不是指物理上的愁绪，它是指精神上的寻找，成为现代人类心灵的不治之症。写作不是电子游戏，在虚拟空间玩一些空想游戏。我们面对的是人的命运，人间的悲欢离合。

　　这部书稿，梳理了旗袍在历史中的发展变化，演绎的悲欢离合的故事。旗袍与古老的民俗风情交织在一起，叙述语言带着黑土地的独特韵味，形成风格鲜明的文字。《旗袍的故事》是一部服饰传记，凸现它的精神世界。

二〇二五年一月九日